植被水流的大涡模拟理论方法及应用

LARGE EDDY SIMULATION OF FREE SURFACE FLOWS WITH VEGETATION AND ITS APPLICATIONS

鲁俊 著

科学出版社
北京

内 容 简 介

本书主要介绍植被水流数值模拟理论及其方法，是作者近十年的研究成果。全书重点介绍了常见的大涡模拟亚格子模型、含植被水流大涡模拟模化方法、基于σ坐标下分步算法改进以及其理论和方法在工程数值模拟中应用等内容。全书分为7章，内容包括：绪论、湍流的简介和分解、大涡模拟亚格子模型、Hybrid RANS-LES模型、植被水流的控制方程和模化、控制方程的离散和边界条件、模型的应用和工程实例。

本书可供从事环境水利、环境工程、水动力与水环境模拟、计算流体力学、水利工程、海洋工程、航空工程、气象工程等工作的科研和工程技术人员及高等院校有关专业的师生参考。

图书在版编目(CIP)数据

植被水流的大涡模拟：理论方法及应用/鲁俊著．—北京：科学出版社，2018

ISBN 978-7-03-053853-6

Ⅰ．①植…　Ⅱ．①鲁…　Ⅲ．①植被-水流模拟-研究　Ⅳ．①TV1

中国版本图书馆CIP数据核字（2017）第141080号

责任编辑：周艳萍　刘文军／责任校对：王万红
责任印制：吕春珉／封面设计：王子艾工作室

科学出版社 出版
北京东黄城根北街16号
邮政编码：100717
http://www.sciencep.com

三河市骏杰印刷有限公司印刷
科学出版社发行　各地新华书店经销
*
2018年4月第 一 版　开本：B5（720×1000）
2018年4月第一次印刷　印张：7 1/4
字数：168 000

定价：48.00元
（如有印装质量问题，我社负责调换〈骏杰〉）
销售部电话 010-62136230　编辑部电话 010-62151061

自序

水生植被是自然河流和海岸带中的一个重要组成部分，对河流和海岸带水生态演变有着重要的影响。目前，对含植被水流的研究主要是以实验为主，对植被和水流的相互作用的数值模拟研究仅有 20 多年的时间，对植被和水流的相互作用的大涡模拟研究则更为短暂。关于植被水流的大涡模拟方面可以借鉴的资料很少。作者近年来对植被和水流相互作用的理论和数值模拟方法做了一些研究，在这期间又得到了国家自然科学基金（51509075、517790049）、江苏省博士后基金（1501042A）、江苏省“333 高层次人才培养工程”、江苏省水利厅“111 人才工程”和天津大学水利工程仿真与安全国家重点实验室资金（HESS-173）等的支持，让作者得以继续对植被水流数值模拟理论以及污染物在含植被水流中数值模拟理论和方法进行进一步研究，并梳理成为本书的主要内容。

书稿得以完成，非常感谢我的儿子带给我的快乐时光，虽然他有时在我写作时调皮捣蛋；同时，也感谢我的父母对我无私的帮助和承担家中繁重的家务，以及我的妻子在我撰写本书时给予的支持和谅解；最后还要感谢王玲玲教授对全书提出的宝贵意见。

由于作者水平所限，书中不足和缺陷之处在所难免，恳请读者批评指正。

作　者

2017 年 7 月

目录

第1章 绪论

1.1 概　　述

水生植被是河流和海岸带生态系统的一个重要的组成部分，也是维持河流和海岸带动力系统的基本要素之一，对河流和海岸带有着重要的影响。河流中植被一方面增加了河流水流阻力，抬高了河道的水位，降低河流的流速，从而影响整个河道的行洪能力；另一方面改变河流原来水流形态，使植被区域内的水流流速减缓，可为水生生物提供良好的栖息地。同时，有生态植被的河流可以形成一种特殊而复杂的河流水流形态，有助于水生动、植物种群多样性的发展。

海岸带中水下植被如海带、裙带菜和紫菜等固着在岩石等其他物体，形成海底森林，造就成独特的处于浅海与陆地交界区域的生态系统（图1-1）。海岸带区域是人类社会繁荣发展最具潜力和活力的地区之一。海岸带既具有重大的生态效益，又具有重大的经济效益。

（a）河流中的植被

（b）海岸带区域

图1-1　河流和海岸带生态系统

但由于经济的发展，使原来河流和海岸带面临的压力越来越大，资源和环境问题越来越严重，造成河流和海岸带生态功能锐减，生态功能破坏严重，因而人们采用植被修复方法来恢复其生态功能。虽然对植被和水流之间影响方面的研究已经开展多年，但是其研究手段主要还是以实验为主。对植被和水流之间相互作用的数值模拟仅有 20 多年的时间，对植被和水流之间相互作用的大涡模拟研究则更为短暂。

随着计算机的快速发展和湍流数值模拟理论和方法的成熟，采用数值模拟计算越来越受到科研和工程人员的青睐。射流在波中演变过程（图 1-2）和沙坡地形下流场流线图（图 1-3）都是采用数值模拟技术应用于工程中的实例。如何模拟植

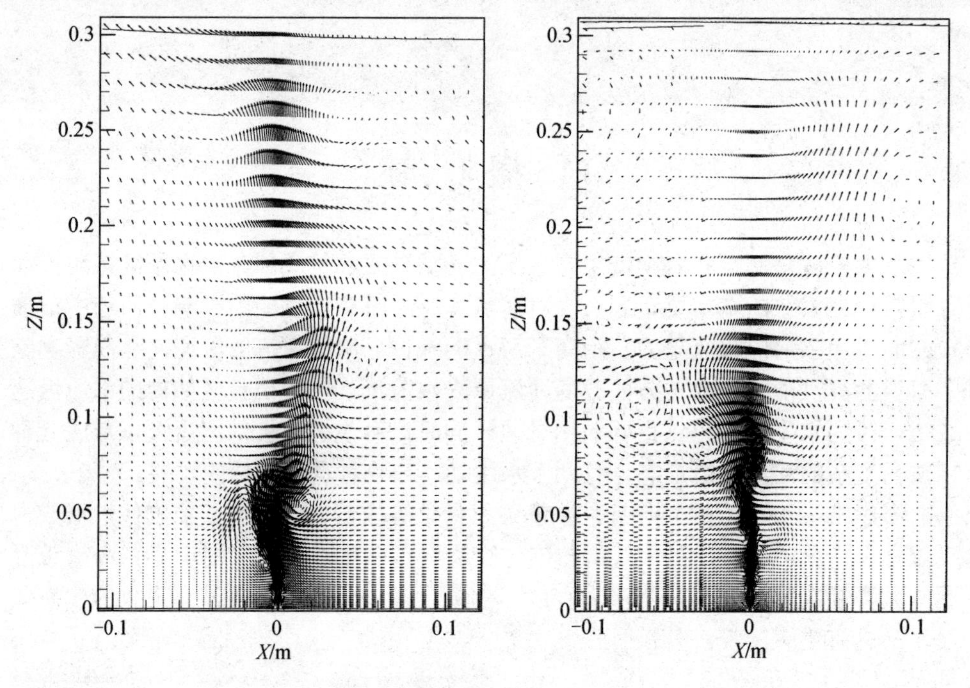

图 1-2　波环境中射流流场图

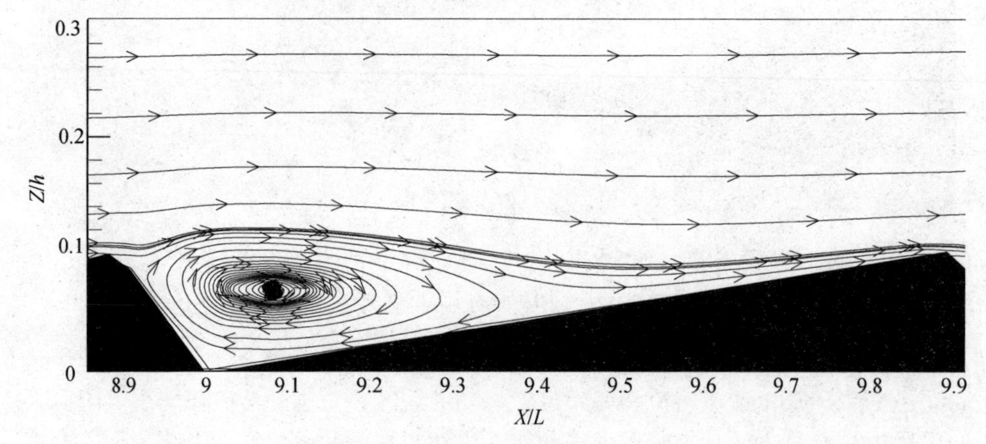

图 1-3　沙坡中流线图

被和水流之间的相互作用以及污染物在其介质中的迁移特性一直是水利、环境和生态等科研者关注的重点之一。本书是作者近年来对植被和水流相互作用的理论和数值模拟方法的研究成果。

1.2 本书内容

本书主要包括植被水流中涉及的大涡模拟理论、数值模拟方法和工程应用 3 个方面内容成果，全书共分为 7 章。

第 1 章，绪论，介绍研究的背景及全书的内容和章节。

第 2 章，湍流的简介和分解，简要介绍湍流的统计、相关性、能谱、拟序结构和 K41 理论的内容，以及湍流分解中两种分解方法：大涡模拟分解和雷诺分解。

第 3 章，大涡模拟亚格子模型，详细介绍常用的大涡模拟亚格子中 4 种类型的模型，即涡黏型模型、尺度相似型模型、结构函数型模型和能量型模型。

第 4 章，Hybrid RANS-LES 模型，介绍常用 Hybrid RANS-LES 中 DES 模型、SAS 类型模型、限制涡黏性系数类型模型和嵌入式 LES-RANS 类型模型。

第 5 章，植被水流的控制方程和模化，详细介绍通过动量方程添加源项来模化植被对水流和波浪的影响，重点论述柔性植被模化中的 3 种方法以及相应的湍流模化。最后阐述了污染物在植被水流中两种模拟方法：欧拉方法和拉格朗日方法。

第 6 章，控制方程的离散和边界条件，详细介绍 σ 坐标下有限差分的分步算法以及改进方法。同时给出了植被水流数值模拟程序中涉及的相应边界条件。

第 7 章，模型的应用和工程实例，详细给出模型在植被水流中的具体应用实例和评价。

第 2 章
湍流的简介和分解

2.1 湍　流

2.1.1 湍流的简介

自然界河流中水流流动大多数是湍流。尽管人们很容易观察到自然界或工程界湍流的发生（图 2-1），但却很难准确地定义湍流。湍流是一种具有不规则性、三维非定常的涡旋、具有扩散性和宽频谱等特性的运动。Bradshaw 对湍流的定义为：湍流是一个非定常的三维运动，涡的伸展运动形成了具有不同波长的速度脉动，中小尺度脉动受黏性力影响而大尺度脉动则由边界条件确定。尽管这个定义仍然难以概括湍流，但是已经能窥探到湍流是一个复杂非线性系统，简单的模型化或者线性化必然难以包络整个湍流流场特征。著名流体力学家 Lamb 说过："I am an old man now，and when I die and go to heaven there are two matters on which I

（a）方柱绕流的尾迹

（b）河流凹处涡旋

图 2-1　自然界中一些湍流

hope for enlightenment. One is quantum electrodynamics，and the other is the turbulent motion of fluids. And about the former I am rather optimistic.”[①]（我现在是个老人了，当我死后上天堂的时候，有两件事我希望能得到启迪，一个是量子电动力学，另一个是流体的湍流运动，对于前者我是相当乐观。）Lamb 的表述从侧面验证了攻克湍流问题的困难性。

2.1.2　湍流的统计

当人们认识到了湍流系统是一个具有统计学意义的随机系统，流体质点的各个物理量在空间和时间上随机涨落后，便开始尝试以统计特性对湍流问题进行描述。

在研究这种随机变量的特性时需引入随机变量的数字特征。对于数值模拟得到的随机变量主要有以下数字特征，即均值、二阶中心距和 n 阶中心距。

对于一个随机变量 $\Phi(t)$，其平均值定义为

$$\overline{\Phi} = \lim_{T\to\infty}\int_0^T \Phi(t)\mathrm{d}t \tag{2-1}$$

二阶中心距（方差）定义为

$$\overline{\Phi^2} = \sigma^2 = \lim_{T\to\infty}\int_0^T \Phi^2(t)\mathrm{d}t \tag{2-2}$$

偏度（skewness）定义

$$S = \overline{\Phi^3} / \sigma^3 \tag{2-3}$$

式中，$\overline{\Phi^3}$ 为三阶中心距，其定义类似二阶中心距。

峰度（kurtosis）定义

$$K = \overline{\Phi^4} / \sigma^4 \tag{2-4}$$

式中，$\overline{\Phi^4}$ 为四阶中心距，其定义类似二阶中心距。

2.1.3　湍流的相关性

对于湍流中变量的时间序列随机过程 $\Phi(\bar{x},t)$，其时间多尺度统计特性可以用自相关性特性来衡量，其空间多尺度统计特性可以用空间相关性特性来衡量。其自相关性和空间相关性分别定义为

$$R(\bar{x},\tau) = \overline{\Phi(\bar{x},t)\Phi(\bar{x},t+\tau)} / \overline{\Phi(\bar{x},t)\Phi(\bar{x},t)} \tag{2-5}$$

$$R(\varsigma,t) = \overline{\Phi(\bar{x},t)\Phi(\bar{x}+\varsigma,t)} / \overline{\Phi(\bar{x},t)\Phi(\bar{x},t)} \tag{2-6}$$

对上述公式分别积分，得到泰勒宏观尺度（Taylor’s macro-scales）和欧拉积分时间尺度（Eulerian integral time scale），为

---

① 引自 *NewScientist*, 11 Nov, 1989。

$$L(t)=\int_0^{\infty} R(\varsigma,\tau)\mathrm{d}\varsigma \tag{2-7}$$

$$T(\bar{x})=\int_0^{\infty} R(\bar{x},\tau)\mathrm{d}\tau \tag{2-8}$$

2.1.4 湍流的能谱

对湍流中变量的时间序列随机过程 $\Phi(\bar{x},t)$ 的自相关性函数 $R(\bar{x},\tau)$ 做傅里叶变换，为

$$S(f)=\int_{-\infty}^{\infty} R(\bar{x},\tau)\mathrm{e}^{-j2\pi f\tau}\mathrm{d}\tau \tag{2-9}$$

式中，$S(f)$ 为 $\Phi(\bar{x},t)$ 自功率谱。

2.1.5 湍流的拟序结构——Q 准则

湍流的研究表面湍流并不是完全杂乱无章的运动，而是有一种有序的运动。为了能有效地观察到有序运动，如图 2-2 所示，常用 Q 准则来描述，其定义为

$$Q=\frac{1}{2}(\Omega_{ij}\Omega_{ij}-S_{ij}S_{ij}) \tag{2-10}$$

式中，$\Omega_{ij}=\frac{1}{2}\left(\frac{\partial u_i}{\partial x_j}-\frac{\partial u_j}{\partial x_i}\right)$；$S_{ij}=\frac{1}{2}\left(\frac{\partial u_i}{\partial x_j}+\frac{\partial u_j}{\partial x_i}\right)$。

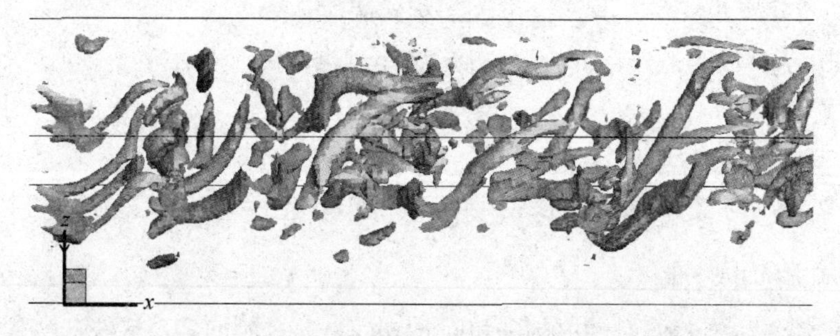

图 2-2　采用 Q 准则表示植被水流中拟序结构

2.1.6 K41 理论

苏联学者 Kolmogorov 在 1941 年提出了著名的 Kolmogorov 理论，简称 K41 理论。K41 理论从数学的角度清晰地描述了湍流内部的尺度结构和相互关系。尽管 K41 理论有不少缺陷，但是它在湍流研究历史上有着重要的意义。K41 理论主要包括以下 3 个方面。

（1）小尺度结构具有当地各向同性特征

Kolmogorov 认为当雷诺数足够高时，湍流脉动存在很宽阔的尺度范围，在耗

散区内的湍流小尺度结构处于统计学上的各向同性状态。由于湍流的能量级串作用，各向异性的大尺度脉动由于耗散作用变成了当地各向同性的小尺度结构。

（2）Kolmogorov 第一相似性准则

当雷诺数较高时，小尺度结构的统计特征具有共同的形式，可由分子黏性系数和耗散率进行确定。该准则是从湍流能量输运的物理过程中演化而来；小尺度结构如同“能量传送带”，不断传送着被黏性作用耗散后的大尺度脉动所携带能量的剩余值。

小尺度结构的特征尺度必然由分子黏性系数和耗散率进行确定，发生该过程所包含的湍流尺度范围被称为普适平衡范围（universal equilibrium range）。基于此，Kolmogorov 对湍流中的最小长度 η（Kolmogorov 长度）、最小速度 u_η（Kolmogorov 速度）和最小时间尺度 τ_η（Kolmogorov 时间尺度）分别定义为：

$$\eta = (\nu^3 / \varepsilon)^{1/4} \tag{2-11}$$

$$u_\eta = (\varepsilon \nu)^{1/4} \tag{2-12}$$

$$\tau_\eta = (\nu / \varepsilon)^{1/2} \tag{2-13}$$

假设湍流中的大尺度结构的特征长度为 l_0，特征速度为 u_0，特征时间尺度为 τ_0，而这些值均由流动的几何尺寸或者边界决定。K41 理论证明，雷诺数越高，l_0 和 η 之间的距离越来越大，且有如下关系式：

$$\eta / l_0 \propto Re^{-3/4} \tag{2-14}$$

$$u_\eta / u_0 \propto Re^{-1/4} \tag{2-15}$$

$$\tau_\eta / \tau_0 \propto Re^{-1/2} \tag{2-16}$$

（3）Kolmogorov 第二相似性准则

随着雷诺数的升高，在湍流系统中必然存在一个区间，此区间的湍流尺度 l 既远小于 l_0 同时又远大于 η，因此既不被黏性耗散作用主导，也不被边界条件等因素影响。此区域的湍流特征长度尺度 l 仅仅与耗散率有关。

由 K41 理论可知：在普适平衡范围内包含了一个耗散区（disspation range）和一个惯性子区（inertial subrange），大尺度结构存在的区间则被称为含能区（energy-containing range）。Pope 认为耗散区和惯性子区的边界存在于 60η，含能区存在于 $l_0/6$ 和 $6l_0$ 之间且与惯性子区的界线为 $l_0/6$。图 2-3 为流动的湍流能量传递及分布区域示意图。

从式（2-11）可以看出，随着雷诺数的增大，如果大尺度的特征尺度保持不变，那么 Kolmogorov 长度尺度将越来越小，所需的空间离散网格便会更为细密，因此需要付出极大的求解代价。

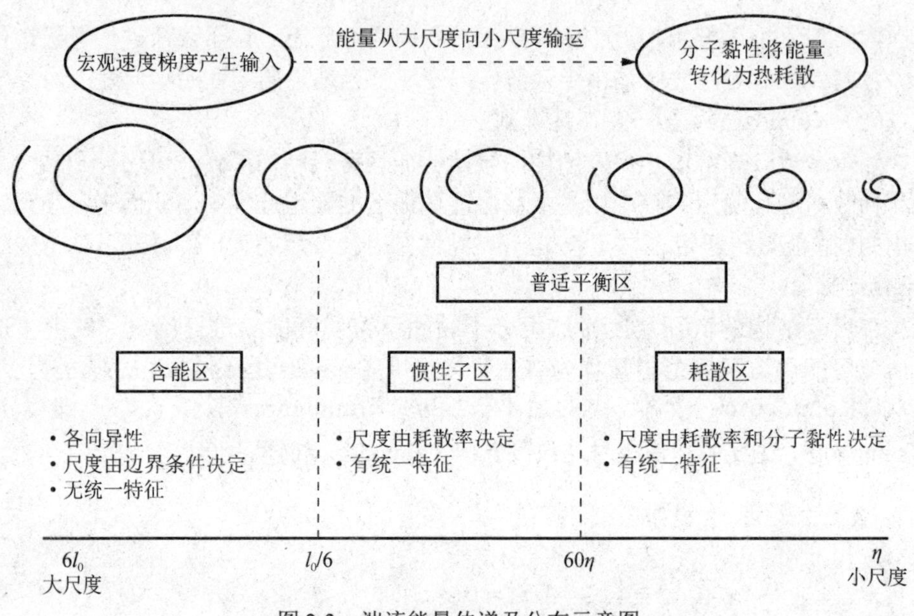

图 2-3　湍流能量传递及分布示意图

2.2　湍流的大涡模拟分解

对 Navier-Stokes（N-S）方程不进行任何程度的降阶求解就是直接数值模拟（DNS），除了不可避免的数值误差外，几乎保留了湍流的全部时空信息，但也是计算流体力学（CFD）中代价最大的求解方式。为了能进行较高雷诺数流动的数值模拟，需要减少计算机的运算次数，为此，不直接求解这些微尺度的量，而是直接求解某一特征尺度以上尺度的量，来减少其自由度。但是，N-S 方程的非线性把这些可直接求解尺度的量和不可直接求解尺度的量联系起来，为了能正确反映这些不可直接求解尺度量对可求解尺度量的影响，需要在方程中增加一项，以便能反映不可求解尺度量对可求解尺度量的影响，从而能正确求解出这些尺度的总体特性。

2.2.1　大涡模拟历史

大涡模拟（LES）方法最早由气象学家 Smagorinsky 在 1963 年提出。随后，Lilly（1967）和 Deardroff（1970, 1973）进行了许多开拓性的工作，如 1970 年 Smagorinsky 的同事 Deardroff 首次把大涡模拟用于了工程意义的槽道流动模拟，为大涡模拟方法奠定了基础。之后，Schumann（1975）和 Grotzbach（1983）改进了他的工作，将此法推广用于环形通道有传热作用的流动模拟。与此同时，美国斯坦福大学的 Ferziger 和 Reyonlds 领导的团队对大涡模拟做了深入系统的研究，他们从最简单的均匀湍流开始，由简到繁，逐步深入，旨在建立大涡模拟湍流的基础。但是进入了 20 世纪 80 年代后，科学研究者把研究兴趣转移到直接模拟上，大涡模拟在这一时期没有取得突破性进展。值得一提的是，这一时期 Bardina 继续从事大涡模拟理论的研究，在 1980 年提出了尺度相似模型。进入 90 年代，研究者发现计算机的计算能力远远不能满足直接模拟的需要，研究的兴趣又开始转移到大涡模拟上。时至今日，大涡模拟理论的研究者已提出了上百种各类亚格子模型，在大涡模拟的应用上也由最初主要集中于各向同性的简单湍流发展到复杂几何区域的流动。

2.2.2　大涡模拟原理

L. Richardson 曾经用一段诗句来描述湍流涡串级原理：

“Big whorls have little whorls（大涡用动能哺育小涡），

Which feed on their velocity（小涡照此把儿女养活）；

And little whorls have lesser whorls（能量沿代代旋涡传递），

And so on to viscosity（但终于耗散在黏滞里）。”

Richardson 认为湍流中大涡和小涡之间的关系能量传递关系。大涡模拟方法首先就是要实现对湍流中大尺度涡和小尺度涡实现分离，而这种分离就必须通过一种低通滤波把具有高频率脉动的小尺度涡给过滤掉，对大尺度涡直接求解，如图 2-4 所示。大涡模拟实现的关键是确立大尺度涡和小尺度涡特性的差异以及对小尺度涡的模化（表 2-1）。从表 2-1 中可以看出，首先必须采用一种方法把小尺度的量给过滤掉，但是过滤掉的小尺度量必须采用某种方式把这种小尺度量所产生的能量作用反馈给大尺度量，这样才能使所求解的量总体上达到平衡。而这种小尺度量反馈给大尺度量的模式就是大涡模拟中所称的亚格子模型。然而耗散涡尺度很小，因此可以被看作各向同性，而且不同流动中的小尺度涡差异不大，这些都暗示小尺度涡可以被模型化以降低直接模拟方法的求解难度，这种降阶的直接模拟方法被称为大涡模拟方法，它的能谱求解图如图 2-5 所示。

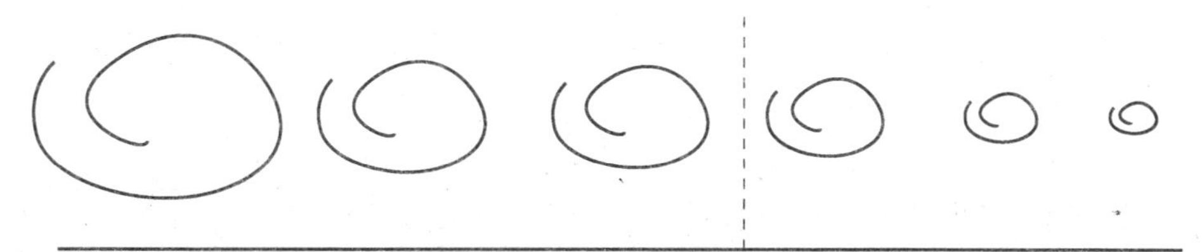

图 2-4　大涡模拟示意图

表 2-1　大尺度量和小尺度量特性的差异

大尺度的量	小尺度的量
平均流产生	大尺度涡产生
依赖边界性	具有普遍性
有序性	随机性
决定性描述性	可以模化性
各向异性	各向同性
长周期性	短周期性
扩散性	耗散性
难于模化性	易于模化性
具有 80%～90%的能量	具有 10%～20%的能量

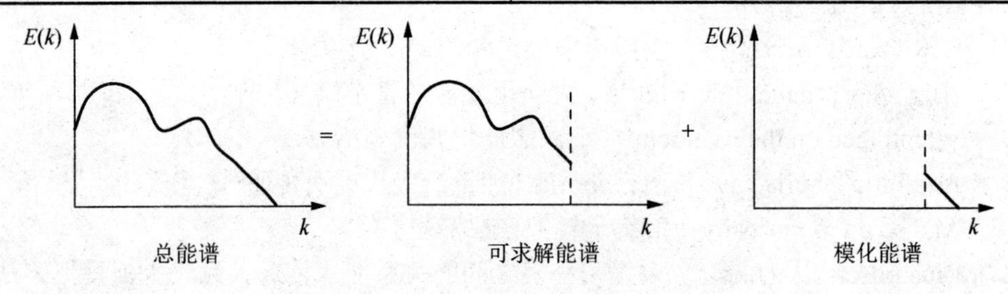

图 2-5　大涡模拟能谱求解图

2.2.3　大涡模拟中的滤波

在大涡模拟中，流场的变量ϕ可用滤波或者网格平均化量$\overline{\phi}$和偏离量ϕ'表示如下：

$$\phi = \overline{\phi} + \phi' \tag{2-17}$$

$\overline{\phi}$是数值上可求解尺度量（grid scale，GS），ϕ'是亚格子尺度量或不可求解尺度量（subgrid scale，SGS）。微小的脉动ϕ'是用亚格子模型进行适当的模化使方程封闭。$\overline{\phi}$为空间滤波函数，定义如下：

$$\overline{\phi}(x,t) = \int_{\Omega} G(x-\xi)\phi(x,t)\mathrm{d}\xi \tag{2-18}$$

式中，Ω为过滤的空间体积；$G(x-\xi)$为卷积滤波函数，且假定滤波函数满足线性性、正则性、可交换性的关系。

常见的 3 种均匀物理空间过滤函数如下。

（1）盒式（top-hat）滤波器

$$G(x-\xi) = \begin{cases} 1/\Delta & if\,|x-\xi| \leqslant \Delta/2 \\ 0 & \text{其他} \end{cases} \tag{2-19}$$

（2）谱截断（spectral 或 sharp-cutoff）滤波器

$$G(x-\xi)=\frac{\sin(k_c(x-\xi))}{k_c(x-\xi)} \tag{2-20}$$

截断波数 $k_c=\pi/\varDelta$。

（3）高斯（Gaussian）滤波器

$$G(x-\xi)=\sqrt{6/\pi\varDelta^2}\exp(-6|x-\xi|^2/\varDelta^2) \tag{2-21}$$

图 2-6 所示为上述 3 种滤波器。

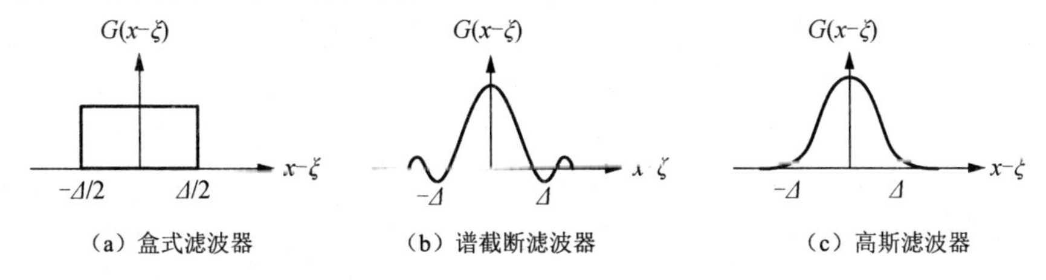

（a）盒式滤波器　（b）谱截断滤波器　（c）高斯滤波器

图 2-6　3 种不同类型的滤波器

2.2.4　湍动亚格子应力

对于不可压缩水流流动，可由 Navier-Stokes 方程控制，在直角坐标下数学表达式为

$$\frac{\partial}{\partial x_i}(u_i)=0 \tag{2-22}$$

$$\frac{\partial(u_i)}{\partial t}+\frac{\partial}{\partial x_j}(u_iu_j)=f_i-\frac{1}{\rho}\frac{\partial p}{\partial x_i}+\upsilon\frac{\partial}{\partial x_j}\left(\frac{\partial u_i}{\partial x_j}\right) \tag{2-23}$$

式中，t 为时间坐标；x_i 为直角坐标；f_i 为地球重力；ρ 为流体的密度；u_i 为直角坐标下的速度分量；p 为静止压强；υ 为水的黏性系数。

利用滤波对上述 Navier-Stokes 方程做过滤，运算得到滤波后的方程为

$$\frac{\partial}{\partial x_i}(\overline{u}_i)=0 \tag{2-24}$$

$$\frac{\partial(\overline{u}_i)}{\partial t}+\frac{\partial}{\partial x_j}(\overline{u}_i\overline{u}_j)=f_i-\frac{1}{\rho}\frac{\partial\overline{p}}{\partial x_i}+\upsilon\frac{\partial}{\partial x_j}\left(\frac{\partial\overline{u}_i}{\partial x_j}\right)-\frac{\partial\tau_{ij}}{\partial x_j} \tag{2-25}$$

方程（2-25）右边第四项的 τ_{ij} 是经过滤波后新出现的未知数，称为湍动亚格子应力项。湍动亚格子的脉动影响是通过 τ_{ij} 反应到动量方程中。其中，湍动亚格子应力项：

$$\tau_{ij}=\overline{u_iu_j}-\overline{u}_i\overline{u}_j \tag{2-26}$$

将式(2-26)的右边第一项$\overline{u_i u_j}$用$\overline{(\overline{u}_i + u_i')*(\overline{u}_j + u_j')}$表现分解后可用下式表示。

$$\tau_{ij} = L_{ij} + C_{ij} + R_{ij} \tag{2-27}$$

$$L_{ij} = \overline{\overline{u}_i \overline{u}_j} - \overline{u}_i \overline{u}_j \tag{2-28}$$

$$C_{ij} = \overline{\overline{u}_i u_j'} + \overline{u_i' \overline{u}_j} \tag{2-29}$$

$$R_{ij} = \overline{u_i' u_j'} \tag{2-30}$$

L_{ij}、C_{ij}、R_{ij}分别为 Leonard 项、Cross 项和 Reynolds 项。其中L_{ij}如采用二重滤波得到，就无需模化。另外，C_{ij}、R_{ij}里包含了亚格子的脉动量u_i'，则需要进行模化。将这些量和可解的量$\overline{u_i}$等联系起来，使方程（2-25）封闭的模型就是 LES 湍动应力亚格子模型。

2.2.5 标量亚格子应力

对标量方程进行滤波，运算得到如下的滤波后的标量方程：

$$\frac{\partial \overline{T}}{\partial t} + \frac{\partial}{\partial x_j}(\overline{u}_j \overline{T}) = D_k \frac{\partial}{\partial x_j}\left(\frac{\partial \overline{T}}{\partial x_j}\right) - \frac{\partial q_i}{\partial x_j} \tag{2-31}$$

方程（2-31）右边第二项的q_i是经过滤波后新出现的未知数，称为标量亚格子应力项，D_k为标量的分子扩散系数。标量亚格子的脉动的影响是通过q_i反映到标量方程中。其中，标量亚格子应力项：

$$q_i = \overline{Tu_j} - \overline{T}\,\overline{u_j} \tag{2-32}$$

将式(2-32)的右边第一项$\overline{Tu_j}$用$\overline{(T+T')\times(\overline{u}_j + u_j')}$表现分解后可用下式表示。

$$q_i = L_{ij}{}^T + C_{ij}{}^T + R_{ij}{}^T \tag{2-33}$$

$$L_{ij}{}^T = \overline{\overline{T}\,\overline{u}_j} - \overline{T}\,\overline{u}_j \tag{2-34}$$

$$C_{ij}{}^T = \overline{\overline{T}u_j'} + \overline{T'\overline{u}_j} \tag{2-35}$$

$$R_{ij}{}^T = \overline{T'u_j'} \tag{2-36}$$

$L_{ij}{}^T$、$C_{ij}{}^T$、$R_{ij}{}^T$分别为标量 Leonard 项、标量 Cross 项和标量 Reynolds 项。其中L_{ij}如采用二重滤波得到，就无需模化。另外，$C_{ij}{}^T$、$R_{ij}{}^T$里包含了亚格子的脉动量u_i'和T'，则需要进行模化。将这些量和可解的量$\overline{u}_i$和$\overline{T}$等联系起来，使方程（2-31）封闭的模型就是大涡模拟中标量亚格子模型。

2.3　湍流的雷诺分解

对流场变量ϕ作系综平均使其分裂为平均量Φ和脉动量ϕ'，如果每个空间点的系综平均值随着时间历程的发展不变，此时系综平均等于时间平均值。该方法可以理解为所有湍流存在一个统计定常态，所有偏离该状态的质点运动均是由于湍流脉动引起。将 N-S 方程系综平均后得到雷诺平均（RANS）方程如下：

$$\frac{\partial U_i}{\partial x_i}=0 \tag{2-37}$$

$$\frac{\partial U_i}{\partial t}+\frac{\partial}{\partial x_j}(U_i U_j)=f_i-\frac{1}{\rho}\frac{\partial p}{\partial x_i}+\upsilon\frac{\partial}{\partial x_j}\left(\frac{\partial U_i}{\partial x_j}\right)-\frac{\partial\langle u_i' u_i'\rangle}{\partial x_j} \tag{2-38}$$

经过雷诺平均后，N-S 方程转换为雷诺平均方程，但其基本行为并未发生较大改变，总体来说只是其中的湍流守恒变量被替换为平均量和不封闭的雷诺应力项。雷诺应力项反映了湍流脉动对于时均流动的影响。雷诺方程的能谱求解图如图 2-7 所示。但从雷诺平均方程本身出发，无法对雷诺应力项进行封闭，因此需要引入经验或半经验的本构关系式完成此项工作，从而形成了所谓的湍流模型。

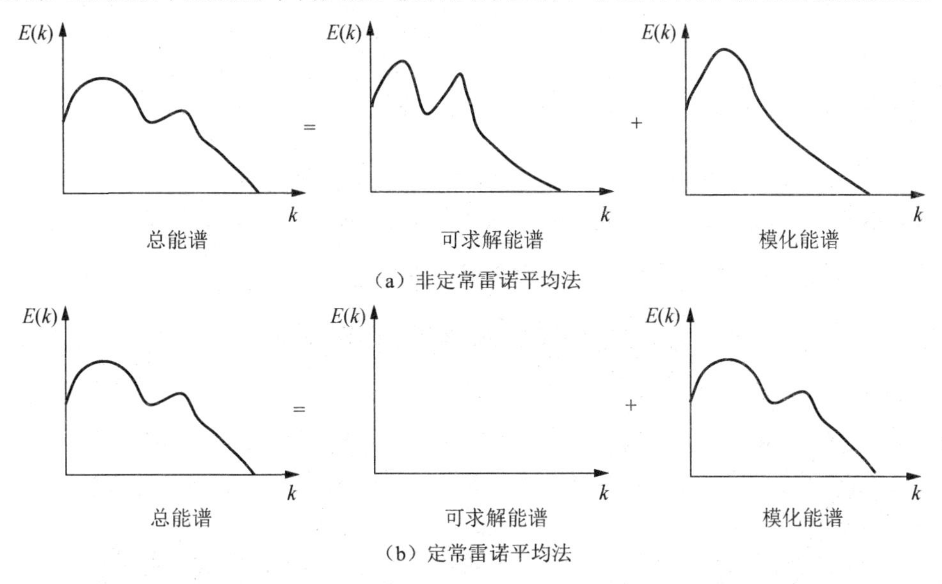

图 2-7　雷诺平均法所求解的能谱分解图

第 3 章
大涡模拟亚格子模型

正如第 2 章所述，降阶的直接模拟方法被称为大涡模拟方法。由于大涡模拟比雷诺平均法可得到更多的微观特性信息，研究者对大涡模拟方法情有独钟。大涡模拟的理论研究者已提出了上百种各类亚格子模型，在大涡模拟的应用上也由最初主要集中于各向同性的简单湍流发展到复杂几何区域的流动。

针对现有的上百种亚格子模型，根据大涡模拟的模型模化时采用的假定不同，亚格子模型大致有如下 4 类：涡黏型模型、尺度相似型模型、结构函数型模型、能量型模型。

3.1　涡黏型模型

3.1.1　Smorgisnky 模型

Smorgisnky 模型（简称 SM）是典型的涡黏型基本模型，被广泛采用。在 Smorgisnky 模型里，假定 τ_{ij} 可以用 R_{ij} 来表示。导入亚格子的涡黏性系数 υ_t，将 R_{ij} 看成和可求解的变形张量 $\overline{S_{ij}}$ 成比例来模化，得到

$$\tau_{ij}=\overline{u_i u_j}-\overline{u}_i\overline{u}_j\approx R_{ij}=-2\upsilon_t\overline{S}_{ij}+\frac{1}{3}R_{kk}\delta_{ij} \tag{3-1}$$

采用如下 5 种假定：

假定 1　可求解尺度量对不可求解尺度量本质上是通过能量作用体现，因此，可求解尺度量的能量向不可求解尺度平衡的能量传递是足够描述不可求解尺度量的行为。

假定 2　可求解尺度量的能量向不可求解尺度平衡的能量传递是类似于分子扩散行为。

假定 3　特征长度和特征时间足以描述不可求解尺度量。

假定 4　总是存在可求解尺度量对不可求解尺度量完全分离。

假定 5 流体的流动在谱空间中没有能量增加并且能谱函数形状不随时间的变化而变化的谱平衡状态，即局部平衡的假定。

根据上述的假定，Smorgisnky 利用简单的量纲分析得到 υ_t：

$$\upsilon_t = (C_s \varDelta)^2 \left|\overline{S}\right| \tag{3-2}$$

$$\left|\overline{S}\right| = (2\overline{S}_{ij}\overline{S}_{ij})^{1/2} \tag{3-3}$$

$$\overline{S}_{ij} = \frac{1}{2}\left(\frac{\partial \overline{u}_i}{\partial x_j} + \frac{\partial \overline{u}_j}{\partial x_i}\right) \tag{3-4}$$

式中，C_s 为 Smorgisnky 常数，可以利用在高雷诺数各向同性湍流的能谱确定。

Lilly 利用–5/3 湍动能谱，得到 Smorgisnky 常数如下：

$$C_s = \frac{1}{\pi}\left(\frac{2}{3C_k}\right)^{3/4} \tag{3-5}$$

式中，C_k 为 Kolmogrov 常数，$C_k = 1.4$，于是得到 $C_s \approx 1.8$。

涡黏型模型是耗散性的，在各向同性的滤波的情况下，它满足湍流模式方程的约束条件。Smorgisnky 模型和黏性流体运动的计算程序有很好的适应性，它是最早应用于大气和工程中大涡模拟的湍流模型。在实际使用中发现这种模型存在一些问题。

Smorgisnky 常数 C_s 的最优化很困难，根据流场的特性不同，C_s 可取值为 0.1～0.25 各种各样的值。可是在工程中处理复杂的湍流里存在着各种各样的流场，事先决定一个 C_s 的最优值非常困难。同时在实际使用过程中发现这种模型耗散过大，尤其在近壁区和层流向湍流的过渡过程。在层流向湍流的过渡的初始阶段，湍动能耗散很小，但是式（3-5）计算的湍动能耗散和充分发展湍流的耗散几乎一样，因此，Smorgisnky 模型不能用于湍流转捩的预测。在近壁区，湍流的脉动等于 0，亚格子应力也应等于 0，但是式（3-5）给出壁面亚格子应力等于有限值，这显然和实际不符合。为了克服这一点，不得不采用 Van Driest 型的衰减函数 $f_u = [1 - \exp(-x_n^+ / A^+)]$，$A^+ = 26$ 乘以 $\varDelta$ 来进行改进。

但是，很多学者指出伴随着剥离和再附着的复杂流场中，这种衰减函数的模拟精度有时并不令人满意。另外，现在的直接数值模拟结果表明在湍流的能量串接过程中也存在瞬时能量的反馈效果（backward scatter）。Smorgisnky 模型中，从可求解尺度（GS）到不可求解尺度量（SGS）的动能传递率 $-\tau_{ij}\overline{S}_{ij} = (C_s\varDelta)^2 \left|\overline{S}\right|^2 \overline{S}_{ij}$（>0）可知一直大于 0。这时，动量总是从可求解尺度到不可求解尺度传递，称为能量的顺传递（forward scatter）。在 Smorgisnky 模型中总是能量顺传递，不能反映能量的反馈。

3.1.2 涡量模型

Mansour 等人提出采用可求解的反对称速度变形张量 $\bar{\Omega}_{ij}$ 来代替可求解的对称速度变形张量 $\bar{S}_{ij}$，即

$$\left|\bar{S}_{ij}\right| = \left(2\bar{\Omega}_{ij}\ \bar{\Omega}_{ij}\right)^{1/2} \tag{3-6}$$

式中，$\bar{\Omega}_{ij} = \dfrac{1}{2}\left(\dfrac{\partial \bar{u}_i}{\partial x_j} - \dfrac{\partial \bar{u}_j}{\partial x_i}\right)$。

3.1.3 拟序结构模型

为了考虑湍流中拟序涡量大小对涡黏性的影响，鲁俊等人提出了考虑拟序结构大小影响的拟序结构模型（coherent structures model），其表达式为

$$\left|\bar{S}\right| = 1/\left\{\left[\omega 2\bar{S}_{ij}\bar{S}_{ij} + (1-\omega)2\bar{Q}\right]\right\}^{0.5} \tag{3-7}$$

式中，$\bar{Q} = \dfrac{1}{2}(\overline{\Omega_{ij}}\,\overline{\Omega_{ij}} - \bar{S}_{ij}\bar{S}_{ij})$；$\omega$ 为加权权重，一般采用 0.5 最佳。

3.1.4 WALE 模型

为了解决涡黏性模型在壁面处的涡黏性服从渐近分布特性，Nicoud 和 Duros 提出了壁适应局部涡黏性模型（wall-adaping local eddy viscosity model）：

$$\upsilon_t = (C_{\mathrm{s}}\Delta)^2 \frac{\left(S_{ij}^d S_{ij}^d\right)^2}{\left(\bar{S}_{ij}\bar{S}_{ij}\right)^{5/2} + \left(S_{ij}^d S_{ij}^d\right)^{5/4}} \tag{3-8}$$

式中，$S_{ij}^d = \bar{S}_{ik}\bar{S}_{kj} + \overline{\Omega_{ik}}\,\overline{\Omega_{kj}} - \dfrac{1}{3}\delta_{ij}\left(\bar{S}_{mn}\bar{S}_{mn} - \overline{\Omega_{mn}}\,\overline{\Omega_{mn}}\right)$；$C_{\mathrm{s}}$=0.325。

3.1.5 动力模型

动力模型（dynamic procedure model）是动态确定 C_{s} 的方法。动力模型并不是一种新的模型，它需要一个基准模型，然后用动态的方法来确定基准模型中的系数。这个动力模式的模型已成为 LES 中亚格子模型的主流。动力模型的基本思想为，在湍流中存在多种尺度的涡，通过采用不同滤波长度对这些不同尺度的涡进行过滤，用某种最优方法使残值最小的方法来确定其系数。

以 Smorgisnky 模型为基准模型，描述其动力模型的系数。在计算网格尺度 Δ 上过滤结果用上标 - 表示，试验网格 $\Upsilon\Delta$（$\Upsilon>1$）的计算结果用 ^ 表示。

Germano 假定：

$$L_{ij}=\widehat{\overline{u}_i\overline{u}_j}-\hat{\overline{u}}_i\hat{\overline{u}}_j=T_{ij}-\tau_{ij} \tag{3-9}$$

式（3-9）称为 Germano 等式。此物理含义是试验网格后的亚格子应力 $\widehat{\overline{u}_i\overline{u}_j}-\hat{\overline{u}}_i\hat{\overline{u}}_j$ 等于试验网格和计算网格上的亚格子应力差。Germano 假定的思想类似于下面要介绍的尺度相似型模型，试验网格上的过滤的亚格子应力 $\widehat{\overline{u}_i\overline{u}_j}-\hat{\overline{u}}_i\hat{\overline{u}}_j$ 是由试验网格上的最小脉动产生，假定试验网格和计算网格分别过滤产生的亚格子应力之差。注意到 Germano 等式的左边 $L_{ij}=\widehat{\overline{u}_i\overline{u}_j}-\hat{\overline{u}}_i\hat{\overline{u}}_j$ 是已知值，只要在计算出的一次过滤结果上再做一次过滤运算就可以获得，如图 3-1 所示。

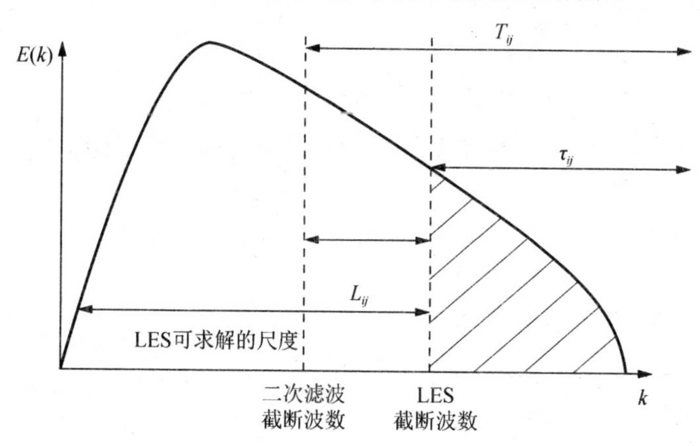

图 3-1　大涡模拟动力模型可求解尺度示意图

根据 Smorgisnky 模型可将 τ_{ij} 和 T_{ij} 模化为

$$\tau_{ij}-\frac{1}{3}\tau_{kk}\delta_{ij}=-2(C\varDelta)^2\left|\overline{S}\right|\overline{S_{ij}} \tag{3-10}$$

$$T_{ij}-\frac{1}{3}T_{kk}\delta_{ij}=-2(C^t\varUpsilon\varDelta)^2\left|\hat{\overline{S}}\right|\hat{\overline{S_{ij}}} \tag{3-11}$$

将式（3-10）和式（3-11）代入式（3-9），得

$$L_{ij}-\frac{1}{3}L_{kk}\delta_{ij}=2C^2M_{ij} \tag{3-12}$$

$$M_{ij}=\widehat{(\varDelta)^2\left|\overline{S}\right|\overline{S_{ij}}}-\widehat{(\varDelta)}^2\left|\hat{\overline{S}}\right|\hat{\overline{S_{ij}}} \tag{3-13}$$

在这里假定，大涡模拟的网格 $\varDelta$ 和 $\varUpsilon\varDelta$ 都是足够细，模型的系数和网格无关，即 $C^t=C$ 。

式（3-12）中的 L_{ij} 和 M_{ij} 都是已知量，只有一个未知量 C 。该式中有 5 个独立代数方程，所以式（3-12）是超定的。

有几种方案可以克服超定性，所有的方案都是用张量收缩使式（3-12）简化为一个标量方程。

第 1 种方法是用 $\overline{S}_{ij}$ 乘式（3-12），得

$$C^2 = \frac{L_{ij}\overline{S}_{ij}}{2M_{ij}\overline{S}_{ij}} \tag{3-14}$$

由于 L_{ij}、M_{ij} 和 $\overline{S}_{ij}$ 都是不规则量，用式（3-14）确定系数 C 在空间分布是不规则的，从而导致涡黏性系数 υ_t 在空间变化剧烈，这种剧烈的变化往往会导致数值计算的不稳定。

第 2 种方法是用 M_{ij} 乘式（3-12），得

$$C^2 = \frac{L_{ij}M_{ij}}{2M_{ij}M_{ij}} \tag{3-15}$$

这种方法同第 1 种一样系数 C 在空间分布是不规则的，易导致数值计算的不稳定。

第 3 种方法是用 $\overline{S}_{ij}$ 乘式（3-12），然后在统计均匀（空间）方向做平均，得

$$C^2 = \frac{< L_{ij}\overline{S}_{ij} >}{< 2M_{ij}\overline{S}_{ij} >} \tag{3-16}$$

第 4 种方法是最小二乘法，或最优化方法，令 $\varepsilon =< L_{ij} - 2C^2M_{ij} >$ 为最小，由此可得

$$C^2 = \frac{< L_{ij}M_{ij} >}{< 2M_{ij}M_{ij} >} \tag{3-17}$$

第 5 种方法是加权时间平均法：

$$C^{2(n)} = \lambda C^{2(n)} + (1-\lambda)C^{2(n-1)} \tag{3-18}$$

式中，λ 为时间加权值；$C^{2(n-1)}$ 为上一时刻的计算值，取值 10^{-5}，可由式（3-16）决定，或由式（3-17）决定。

第 6 种方法是沿质点轨迹平均法，这种方法称为动力 Langrangian 模型。此方法克服了在空间上同一流场的条件，更加适合复杂湍流的计算。系数 C 由下式决定：

$$C^2 = \frac{1}{2}\frac{J_{\mathrm{LM}}}{J_{\mathrm{MM}}} \tag{3-19}$$

$$J_{\mathrm{LM}} = \int_{-\infty}^{t} L_{ij}M_{ij}(z(t'),t')W(t-t')\mathrm{d}t' \tag{3-20}$$

$$J_{\mathrm{MM}} = \int_{-\infty}^{t} M_{ij}M_{ij}(z(t'),t')W(t-t')\mathrm{d}t' \tag{3-21}$$

$$z(t') = z(t) - \int_{t'}^{t} \overline{u}(z(t''),t'')\mathrm{d}t'' \tag{3-22}$$

式中，z 为质点位置；$W(t-t')$ 为加权函数，可以取任意值。

Meneveau 给出一个快速衰减函数为

$$W(t-t') = \frac{1}{T}\exp\left(-\frac{t-t'}{T}\right) \tag{3-23}$$

$$T = 1.5\varDelta\left(J_{\mathrm{LM}}J_{\mathrm{MM}}\right)^{-1/8} \tag{3-24}$$

第 7 种方法是利用湍流可求解变量特征量自相关性的第一个跨零点时间长度内采用时间平均法。其表达式为

$$C^{2(n)} = \lambda_1 C^{2(n)} + \lambda_2 C^{2(n-1)} + \lambda_3 C^{2(n-2)} + \cdots \tag{3-25}$$

$$\lambda_1 + \lambda_2 + \lambda_3 + \cdots = 1 \tag{3-26}$$

式中，$\lambda_1, \lambda_2, \lambda_3 \cdots$ 为不同时刻时间加权系数，上标 $n-1$ 为上一时刻计算值。

采取 n 和 $n-1$ 两个计算时刻加权，则 $\lambda_2 = \exp(-\Delta t / T_{\mathrm{int}})$，$\lambda_1 = \left(1-\lambda_2^{\ 2}\right)^{0.5}$。$\Delta t$ 为计算时间步长；T_{int} 为积分时间尺度。

第 8 种方法是利用滤波本身的性质对系数 C^2 进行滤波，避免 C^2 在空间变化剧烈，使其计算更加稳定。其表达式为

$$C^2 = \tilde{C}^2(x,t) = \int_{\Omega} G(x-\xi)C^2(x,t)\mathrm{d}\xi \tag{3-27}$$

虽然采用这种方法来平滑 C，但是数值计算表明 C 也可能出现一定的负值，这可视为一种能量反馈模式。但是这种反馈能量的时间过分长，可同样导致数值计算的不稳定，为此，需要增加一个附加条件：$\nu_t + \upsilon \geqslant 0$，从而在物理上保证其求解的能量耗散为正。上述这种使 C 光滑化的方法为滤波型动力模型。

类似这类的模型还有局部近似动力模型（Piomelli，Liu，1995）、动力逆向模型（Kuerten etal，1999）和随机能量的反馈模型（Leith，1990）等。

3.2　尺度相似型模型

3.2.1　Bardina 模型

Bardina 模型放弃涡黏型近似的假定，而是根据可求解尺度的成分中与亚格子尺度量边界的波数附近的成分和亚格子尺度量成分中的同样过滤掉的波数附近的成分的性质类似的尺度相似的假定来模化。

首先，可求解变量成分中过滤掉的波数附近的波数的脉动成分能通过进行二次滤波得到缓和脉动的成分$\overline{\overline{\phi}}$和$\overline{\phi}$的差$\overline{\phi}-\overline{\overline{\phi}}$来得到。其次，假定 SGS 成分$\phi'$里和过滤掉的波数相近的波数的脉动成分是通过将$\phi'$滤波后的$\overline{\phi'}$来得到的，并假定在尺度相似模型中这些都相等$\overline{\phi'}=\overline{\phi}-\overline{\overline{\phi}}$。根据这个关系可将模型做如下的模化。

$$C_{ij}=(\overline{\overline{u}_i u'_j}+\overline{u'_i\,\overline{u}_j})\approx C_{\mathrm{c}}\left[\overline{\overline{u}}_i\left(\overline{u}_j-\overline{\overline{u}}_j\right)+\left(\overline{u}_j-\overline{\overline{u}}_j\right)\overline{\overline{u}}_j\right] \tag{3-28}$$

$$R_{ij}=\overline{u'_i u'_j}\approx C_{\mathrm{g}}\left(\overline{u}_i-\overline{\overline{u}}_i\right)\left(\overline{u}_j-\overline{\overline{u}}_j\right) \tag{3-29}$$

式中，C_{c}、C_{g}是模型系数。

其中，C_{ij}的系数C_{c}遵守 Galilean 不变性约束条件，L_{ij}的系数为 1，所以$C_{\mathrm{c}}=1$。另外，R_{ij}不受 Galilean 不变性约束，R_{ij}的系数C_{g}的值可以任意给定。一般情况下，在 Bardina 模型中$C_{\mathrm{g}}=1$。当$C_{\mathrm{c}}=1$，$C_{\mathrm{g}}=1$时，将式（3-28）、式（3-29）代入式（3-1），则可得

$$\tau_{ij}=\overline{\overline{u}_i\overline{u}_j}-\overline{\overline{u}}_i\overline{\overline{u}}_j=L_{ij}^m \tag{3-30}$$

这个模型对于过滤掉的波数附近的 SGS 成分是最合适的模型，同时也存在能量反馈效果，可是对于较高波数的 SGS 成分则存在问题。特别是有不能模拟在高波数产生的能量耗散这一缺点。因此，为了弥补能量耗散，需进一步和别的模型混合。

3.2.2 混合模型

把前面的 Smorgisnky 模型和 Bardina 模型进行线性组合，便得到如下的混合模型：

$$\tau_{ij}=\overline{\overline{u}_i\overline{u}_j}-\overline{\overline{u}}_i\overline{\overline{u}}_j-2\upsilon_t\overline{S}_{ij} \tag{3-31}$$

除此，Horiuti 提出了一个一般的形式为

$$\tau_{ij}=C_{\mathrm{L}}L_{ij}^m+C_{\mathrm{B}}L_{ij}^R-2\upsilon_t\overline{S}_{ij} \tag{3-32}$$

式中，$L_{ij}^R=\overline{\overline{u'_i u'_j}}-\overline{\overline{u'_i}\,\overline{u'_j}}$，不同的作者对$C_{\mathrm{L}}$、$C_{\mathrm{B}}$的取值也不相同。

此外，还有基于混合模型为基准模型的动力混合模型等。

3.3　结构函数型模型

3.3.1　二阶结构函数模型

为了克服涡黏型模型的缺陷和捕捉湍流的间隙性，Metais 和 Leisure 利用经典的湍流统计理论提出二阶结构函数模型（structure function model）。二阶结构函数的定义为

$$F_2(\vec{x},\Delta x)=\left\langle\left|\overline{u}(\vec{x})-\overline{u}(\vec{x}+r)\right|^2\right\rangle \tag{3-33}$$

在各向同性湍流中，它和能谱间的关系为

$$F_2(\vec{x},\Delta x)=4\int_0^{\infty}E(k)\left(1-\frac{\sin(k\Delta x)}{k\Delta x}\right)\mathrm{d}k \tag{3-34}$$

式中，$E(k)$ 是湍流的能谱值；$k=\pi/\varDelta$ 是波数。

假定截断波数在惯性子区内，$E(k)$ 是当地局部均匀各向同性湍流的能谱值。可以设想在空间点 x 处有以局部正方体领域，正方体的长度等于 Δx，将正方体在三个方向做周期延拓，在延拓的均匀各向同性湍流场中的湍流统计特性和非均匀湍流场的局部统计特性相同。根据以上构造的湍流场，分别将实际非均匀湍流场和假想均匀湍流场过滤。过滤后的二阶结构函数为

$$F_2(\vec{x},\Delta x)=\left\langle\left|\overline{u}(\vec{x})-\overline{u}(\vec{x}+r)\right|^2\right\rangle_{|r=\Delta x|} \tag{3-35}$$

依据局部各向同性假设，式（3-35）等于式（3-34）均匀湍流场的积分式。对于过滤后的湍流场，$k>k_c$ 的湍动能等于零，因此，

$$F_2(\vec{x},\Delta x)=4\int_0^{k_c}E(k)\left(1-\frac{\sin(k\Delta x)}{k\Delta x}\right)\mathrm{d}k \tag{3-36}$$

把 Kolomogorov 的−5/3 能谱代入上式，可得到物理空间二阶结构函数涡黏性系数为

$$\upsilon_{\mathrm{SGS}}=0.105C_k^{-3/2}\varDelta\left(F_2(\vec{x},\Delta x)\right)^2 \tag{3-37}$$

3.3.2　过滤结构函数模型

把过滤后的流场 $\overline{u}$ 代入 Laplacian 算子高通滤波记为（ $\widehat{\ }$ ），把式（3-36）代入高通滤波后，得

$$\widehat{F_2}(\vec{x},\Delta x)=4\int_0^{k_c}\widehat{E}(k)\left(1-\frac{\sin(k\Delta x)}{k\Delta x}\right)\mathrm{d}k \tag{3-38}$$

利用 Kolomogorov 能谱关系式，可得到物理空间二阶结构函数涡黏性系数为

$$\upsilon_t = 0.0014C_{\mathrm{k}}^{-3/2}\varDelta\left(\overline{F}_2(\vec{x},\Delta x)\right)^2 \tag{3-39}$$

这个模型不含有调节的常量。数值模拟显示过滤结构函数模型（filtered structure function model）与二阶结构函数模型统计结果相比，更同直接模拟的结果吻合。当然，还有一些其他改进的结构函数型模型，如选择结构函数模型（selective structure function model）、理性亚格子模型等。

3.4 能量型模型

3.4.1 Yishizawa 模型

这类模型认为亚格子黏性系数同亚格子能量相关，此亚格子黏性系数写为

$$\upsilon_t = C\varDelta(k)^{1/2} \tag{3-40}$$

同雷诺平均方程中一方程类似，需要额外求解一个亚格子能量方程。下面为 Yishizawa 模化的亚格子能量运输方程在直角坐标系下表达式：

$$\frac{\partial k}{\partial t}+\frac{\partial k\overline{u}_j}{\partial x_j}=\frac{\partial}{\partial x_j}\left[(\nu+\upsilon_t)\frac{\partial k}{\partial x_j}\right]+2\upsilon_t\overline{S}_{ij}\overline{S}_{ij}-C_\varepsilon\frac{k^{3/2}}{\varDelta} \tag{3-41}$$

式中，$C_\varepsilon = 1.05$；$C = 0.07$。

数值计算表明，这类方程的求解代价非常昂贵，而且求解精度不比以前所阐述的零方程模型精确多少，因此，在工程中不常用。当然，这类能量运输方程还有其他模化方式，如 Schumann（1975）模化的亚格子能量运输方程等。

3.4.2 Inagaki 模型

这类模型亚格子黏性系数写为

$$\upsilon_t = C_s k T_s \tag{3-42}$$

式中，$k=\left(\overline{u}_i-\hat{\overline{u}}_i\right)^2$；$T_s = 1\Bigg/\left(\left(\dfrac{\varDelta}{\sqrt{k}}\right)^{-1}+\left(\dfrac{C}{\sqrt{(2\overline{S}_{ij}\overline{S}_{ij})}}\right)^{-1}\right)$。

3.4.3 Sagaut 模型

Sagaut 模型考虑亚格子尺度、亚格子能量和可求解尺度等因素，提出如下的亚格子模型：

$$\upsilon_t = C_m \Delta^{3/2} q_c^{1/4} \left(2\overline{S}_{ij}\overline{S}_{ij}\right)^{1/2} \tag{3-43}$$

式中，C_m=0.06；$\Delta = \left(\Delta x \Delta y \Delta z\right)^{1/3}$；$q_c = 0.5\left(\overline{u}_i - \overline{\overline{u}}_i\right)^2$；$\overline{\overline{u}}_i$ 为二次滤波速度。

3.5　一般形式的亚格子模型

从前面的所述可知，如果大涡模拟亚格子模型模化时包括的亚格子尺度湍流特征量越多，所模化结果就越可靠。为此，根据大涡模拟所采用滤波在能谱空间截断波数所包含的湍流特征量，即滤波尺度 Δ，滤波在能谱空间截断波数处湍能 q^2，可求解尺度 $F[u(x,t)]$ 和能量耗散 ε 的 4 个特征量，提出一般湍动黏性系数 ν_t 模化的一般表达式如下：

$$\nu_t = f\{\Delta, q^2, F[u(x,t)], \varepsilon\} \tag{3-44}$$

此表达式显示湍动黏性系数 ν_t 是滤波尺度 Δ，滤波在能谱空间截断波数处湍动能 q^2，可求解尺度 $F[u(x,t)]$ 和能量耗散 ε 的函数。

所述 4 种类型亚格子模型，均是式（3-44）的特殊情况。

如果湍动黏性系数 ν_t 仅是 Δ 和 q^2 的函数，所得模型即为能量型模型。

如果湍动黏性系数 ν_t 仅是 Δ 和可求解尺度 $F[u(x,t)]$ 函数，而这时 $F[u(x,t)]$ 取 $|S|$ 或 $\nabla \times u(x,t)$ 时，所得模型即为函数型模型。若 $F[u(x,t)]$ 取结构函数类型时，那么就转化为结构函数型模型。

如果湍动黏性系数 ν_t 仅是 q^2 和能量耗散 ε 的函数，那么就转化为类似雷诺平均 N-S 方程中双方程湍流模型。

如果上述表达式采用一些特性处理方式，还可转换为尺度相似型模型。

第 4 章 Hybrid RANS-LES 模型

尽管湍流模型研究者对大涡模拟进行了一系列的研究并取得了非凡的成就，但是对高雷诺数的大涡模拟仍然不可行。为了解决大涡模拟模型在壁面应用需布置高精度网格尺度的问题，湍流研究者开始提出了多种 Hybrid RANS-LES 模型。

4.1 DES 模型

这类模型的核心思想是在传统雷诺模型中湍流尺度根据流场的特性分别采用雷诺模型中湍流尺度或者大涡模拟中网格尺度，在壁面处采用雷诺模型，在分离区域内采用大涡模拟模型。

4.1.1 基于 S-A 方程的 DES 类型模型

分离涡（DES）模型最早是由 Spalart 在 S-A RANS 方程基础上提出的。S-A RANS 方程是从经验和量纲分析出发，由针对简单流动逐步发展到能适应带有层流流动的固体壁面湍流流动的模型。该模型是关于涡黏型相关量的运输方程。其表达式为

$$\frac{\partial(\tilde{\nu}_t)}{\partial t}+\frac{\partial(U_j\tilde{\nu}_t)}{\partial x_j}=\frac{1}{\sigma}\left[\frac{\partial}{\partial x_j}\left(\left(\upsilon+\tilde{\nu}_t\right)\frac{\partial\tilde{\nu}_t}{\partial x_j}\right)+c_{b2}\frac{\partial\tilde{\nu}_t}{\partial x_j}\frac{\partial\tilde{\nu}_t}{\partial x_j}\right]+c_{b1}\tilde{S}_v\tilde{\nu}_t-c_{w1}f_w\left(\frac{\tilde{\nu}_t}{d_w}\right)^2 \quad (4\text{-}1)$$

式中，$\nu_t=\tilde{\nu}_t f_{v1}$；$f_{v1}=\dfrac{\chi^3}{\chi^3+c_{v1}^2}$；$\chi=\dfrac{\tilde{\nu}_t}{\nu}$；$\tilde{S}_v=\Omega+\dfrac{\tilde{\nu}_t}{k^2d_w^2}f_{v2}$；$\Omega=\sqrt{2\Omega_{ij}\Omega_{ij}}$；

$\Omega_{ij}=\dfrac{1}{2}\left(\dfrac{\partial U_i}{\partial x_j}-\dfrac{\partial U_j}{\partial x_i}\right)$；$f_{v2}=1-\dfrac{\chi}{\chi f_{v1}+1}$；$f_w=g\left(\dfrac{1+c_{w3}^6}{g^6+c_{w3}^6}\right)^{1/6}$；$g=r+c_{w2}\left(r^6-r\right)$；

$r=\dfrac{\tilde{\nu}_t}{\left(\tilde{S}_v\kappa^2d_w^2\right)}$。

模型参数为：$\kappa=0.4$；$\sigma_s=2/3$；$c_{b1}=0.1355$；$c_{b2}=0.622$；$c_{v1}=7.1$；

$c_{w1}=\dfrac{c_{b1}}{\kappa^2}+\dfrac{1+c_{b2}}{\sigma_s}$；$c_{w2}=0.3$；$c_{w3}=2$；$d_w$ 为到壁面的最近距离。对于粗糙壁面，d_w 重新定义为 $d_w=d_w+0.03k_s$，k_s 为 Nikuradse 当量。

由于 S-A RANS 方程可以从黏性底层求解，为此该类方程求解时无须像高雷诺数 $k-\varepsilon$ 双方程那样需在壁面处添加壁面函数。这类方程用于求解泥沙地形变化时要比高雷诺数 $k-\varepsilon$ 双方程加壁面函数要准确得多。

为了解决原始 S-A RANS 模型在壁面处计算的稳定性，Edward 等人提出以下的修改：

$$\tilde{S}_v=S\left(1/\chi+f_{v1}\right);\quad S=\sqrt{2S_{ij}S_{ij}};\quad S_{ij}=\frac{1}{2}\left(\frac{\partial U_i}{\partial x_j}+\frac{\partial U_j}{\partial x_i}\right);\quad r=\frac{\tanh\left[\tilde{\nu}_t/\left(\tilde{S}_v\kappa^2 d_w^2\right)\right]}{\tanh(1.0)}$$

DES 模型是把 S-A RANS 模型中 d_w 全部替换为 L_{DES}。其中，$L_{\mathrm{DES}}=\min(d_w, c_{\mathrm{DES}}\varDelta_{\mathrm{DES}})$；$\varDelta_{\mathrm{DES}}=\max(\Delta x,\Delta y,\Delta z)$。

可以把 $L_{\mathrm{DES}}=\min(L_{\mathrm{RANS}},L_{\mathrm{LES}})$ 应用到其他两方程中去，例如，基于 $k-\varepsilon$ RANS、基于 $k-\omega$ RANS 模型或者基于 $k-\omega$ SST RANS 模型的 DES 系列模型等。

4.1.2 基于 S-A 方程的 DDES 类型模型

由于 DES 模型在数值模拟过程发现存在灰色区域问题（grey area problem），如图 4-1 所示。为了解决这个缺陷，Spalart 提出了使大涡模拟模型延迟到灰色区域以外的 DES，简称 DDES 模型。

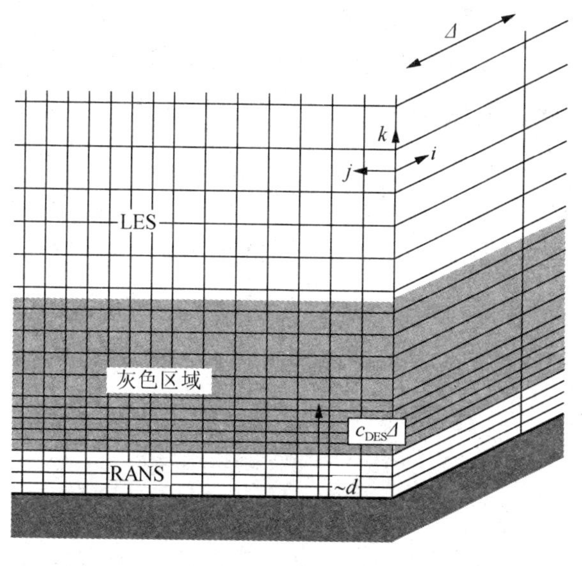

图 4-1　从 RANS 过渡到 LES 中的灰色区域

DDES 中的尺度 d_w 采用新的尺度，定义为

$$\tilde{d} = d_w - f_d \max\left(0., d_w - l_{\text{les}}\right) \tag{4-2}$$

式中，$f_d = 1 - \tanh\left(\left[8r_d\right]^3\right)$；$r_d = \left(\nu + \nu_t\right) / \left(\sqrt{\frac{\partial U_i}{\partial x_j}\frac{\partial U_j}{\partial x_i}}\kappa^2 d_w^2\right)$。

4.1.3 基于 *k* - *ω* RAN 方程 IDDES 模型

最近 DDES 的修正模型是由 Shur 等人提出的 IDDES 模型。IDDES 模型能够根据流场的特性选择 DDES 模型或者壁模化的大涡模拟模型（wall-modeled LES）。IDDES 模型继承了 DDES 模型或者壁模化的大涡模拟模型的优点，能够比 DES 模拟出更小的分离流问题。

鲁俊等人应用基于 *k*-*ω* RANS 方程的 IDDES 模型模拟壁面密度分层流，其中，*k*-*ω* RANS 方程如下：

$$\frac{\partial k}{\partial t} + \frac{\partial U_j k}{\partial x_j} = \frac{\partial}{\partial x_j}\left[\left(\nu + \sigma_k \nu_t\right)\frac{\partial k}{\partial x_j}\right] + \tau_{ij}\frac{\partial U_i}{\partial x_j} - C_{1k} k\omega + \beta g_i \lambda_c \frac{\partial C}{\partial x_i} \tag{4-3}$$

$$\frac{\partial \omega}{\partial t} + \frac{\partial U_j \omega}{\partial x_j} = \frac{\partial}{\partial x_j}\left[\left(\nu + \sigma_\omega \nu_t\right)\frac{\partial \omega}{\partial x_j}\right] + C_{1\varepsilon}\left[\frac{\omega}{k}\tau_{ij}\frac{\partial U_i}{\partial x_j} + C_{3\varepsilon}\beta g_i \lambda_c \frac{\partial C}{\partial x_i}\right] - C_{2\varepsilon}\omega^2 \tag{4-4}$$

式中，$\sigma_k = 0.5$；$\sigma_\omega = 0.5$；$C_{1k} = 0.09$；$C_{1\varepsilon} = 5/9$；$C_{2\varepsilon} = 3/40$；$C_{3\varepsilon} = 0.2$。

k-*ω* RANS 方程中湍流尺度 $L_{\text{RANS}} = k^{1/2} / \left(C_\mu \omega\right)$，LES 方程中湍流尺度 $L_{\text{LES}} = C_{\text{DES}}\varDelta$，IDDES 方程中网格尺度定义为

$$\varDelta = \min\left\{\max\left[c_w d_w, c_w \varDelta_{\max}, \varDelta_{wn}\right], \varDelta_{\max}\right\} \tag{4-5}$$

式中，c_w=0.15；$\varDelta_{\max} = \max\left\{\Delta x, \Delta y, \Delta z\right\}$；$\Delta x, \Delta y, \Delta z$ 分别为局部为 *x*，*y* 和 *z* 方向局部网格大小；$\varDelta_{wn}$ 为壁面法线方向上网格高度。

IDDES 中 DDES 分支为中 DDES 湍流尺度为

$$L_{\text{DDES}} = L_{\text{RANS}} - f_d \max\left\{0, \left(l_{\text{RANS}} - l_{\text{LES}}\right)\right\} \tag{4-6}$$

式中，$f_d = 1 = \tanh\left[\left(8r_d\right)^3\right]$；$r_d = \dfrac{\nu + \nu_t}{\kappa^2 d^2 \max\left\{\left(\sum_{ij}\left(\frac{\partial u_i}{\partial x_j}\right)^2\right)^{0.5}, 10^{-10}\right\}}$。

IDDES 中 WMLES 分支为中 WMLES 湍流尺度为

$$L_{\text{WMLES}} = f_B\left(1 + f_e\right) L_{\text{RANS}} + \left(1 - f_B\right) l_{\text{LES}} \tag{4-7}$$

式中，$f_B=\min\left\{2\exp\left(-9\alpha^2\right),1.0\right\}$；$\alpha=0.25-d_w/\Delta_{\max}$；$f_e=\max\left\{\left(f_{e1}-1\right),0\right\}f_{e2}$；

$$f_{e1}\left(d_w/\Delta_{\max}\right)=\begin{cases}2\exp\left(-11.09\alpha^2\right) & \alpha\geqslant 0\\ 2\exp\left(-9.0\alpha^2\right) & \alpha<0\end{cases}；\quad f_{e2}=1.0-\max\left\{f_t,f_l\right\}；$$

$$f_t=\tanh\left[\left(c_t^{\,2}r_{dt}\right)^3\right]；\quad f_l=\tanh\left[\left(c_l^{\,2}r_{dl}\right)^{10}\right]；\quad r_{dt}=\frac{\nu_t}{\kappa^2d^2\max\left\{\left(\sum_{ij}\left(\frac{\partial u_i}{\partial x_j}\right)^2\right)^{0.5},10^{-10}\right\}}；$$

$$r_{dl}=\frac{\nu}{\kappa^2d^2\max\left\{\left(\sum_{ij}\left(\frac{\partial u_i}{\partial x_j}\right)^2\right)^{0.5},10^{-10}\right\}}；\quad c_t=5.0\text{ 和 }c_l=1.87。$$

最后把 DDES 和 WMLES 中湍流尺度通过下面函数链接起来，则构成 IDDES 模型湍流尺度：

$$\widetilde{L}_{\text{IDDES}}=\widetilde{f}_d\left(1+f_e\right)l_{\text{RANS}}+\left(1-\widetilde{f}_d\right)l_{\text{LES}} \tag{4-8}$$

式中，$\widetilde{f}_d=\max\left\{\left(1-f_{dt}\right),f_B\right\}$；$f_{dt}=1=\tanh\left[\left(8r_{dt}\right)^3\right]$。

4.2 SAS 类型模型

4.2.1 基于 KE1E 方程的 SAS 模型

这类模型的核心思想是在传统雷诺模型中可求解湍流尺度采用湍流的 Van Karman 尺度来代替 RANS 模型中湍流尺度，最早由 Rotta 在 1972 年提出，后由 Menter 继续发展。Mentor 提出的基于 KE1E 方程 SAS 模型，写为

$$\frac{\partial(\nu_t)}{\partial t}+\frac{\partial(U_j\nu_t)}{\partial x_j}=\frac{\partial}{\partial x_j}\left(\frac{\left(\upsilon+\nu_t\right)}{\sigma}\frac{\partial \nu_t}{\partial x_j}\right)+c_1S\nu_t-c_2\left(\frac{\nu_t}{L_{vk}}\right)^2 \tag{4-9}$$

在三维中，Van Karman 尺度 $L_{\text{vk}}=\sqrt{\dfrac{SS}{\dfrac{\partial S}{\partial x_j}\dfrac{\partial S}{\partial x_j}}}$，$S=\dfrac{1}{2}\left(\dfrac{\partial U_i}{\partial x_j}+\dfrac{\partial U_j}{\partial x_i}\right)$。

可以定义其他类型 Van Karman 尺度，如 $L_{\text{vk}}=\left|\dfrac{\Omega}{\dfrac{\partial \Omega}{\partial x_j}}\right|$ 等其他类型的 Van Karman 尺度。

4.2.2 基于 KE1E 方程修正的 SAS 模型

鲁俊等人在 KE1E 方程基础上提出产生项采用涡旋量代替切应变量和为防止 Van Karman 尺度变为奇异时提出的一种修正的 KE1E 方程 SAS 模型为

$$\frac{\partial(v_t)}{\partial t}+\frac{\partial(U_j v_t)}{\partial x_j}=\frac{\partial}{\partial x_j}\left(\left(\upsilon+\sigma v_t\right)\frac{\partial v_t}{\partial x_j}\right)+C_1\Omega v_t-C_2\left(\frac{v_t}{L_{\mathrm{vk}}}\right)^2 \tag{4-10}$$

式中，$v_t=\tilde{v}_t f_{v1}$；$f_{v1}=\dfrac{\chi^3}{\chi^3+C_{v1}^3}$；$\chi=\dfrac{\tilde{v}_t}{v}$；$\left(\dfrac{\tilde{v}_t}{L_{\mathrm{vk}}}\right)^2=\left(\dfrac{\tilde{v}_t}{L_{\mathrm{k}}}\right)^2\tanh\left(\left(\dfrac{L_{\mathrm{k}}}{L_{\mathrm{vk}}}\right)^2\right)$；

$L_{\mathrm{vk}}=\kappa\left|\Omega\Big/\dfrac{\partial\Omega}{\partial x_j}\right|$；$\Omega=\sqrt{2\omega_{ij}\omega_{ij}}$；$L_{\mathrm{k}}=\dfrac{v}{\Omega\sqrt{\tilde{v}_t/v}}$。

模型参数为：$\sigma=1$；$C_1=0.144$；$C_2=1.86$；$\kappa=0.41$；$C_{v1}=9.1$。

同样，也可以把 Van Karman 尺度推广到其他两方程中，如 *k-w* SST SAS 模型。

4.3 限制涡黏性系数类型模型

这类模型的核心思想是通过限制函数乘以传统的雷诺方程中涡黏性系数，如

$$v_t=\beta v_t^{\mathrm{RANS}} \tag{4-11}$$

式中，$\beta=\min\left(\dfrac{v_t^{\mathrm{LES}}}{v_t^{\mathrm{RANS}}},1\right)$。

4.4 嵌入式 LES-RANS 类型模型

这类模型的思想是在传统的雷诺模型求解的区域内对局部区域采用大涡模拟模型，这样可以解决大涡模拟全局应用于高雷诺数的问题计算需付出高计算代价问题。由于这类嵌入式 LES-RANS 模型，受到了由雷诺模型到大涡模拟模型交界面，或者由大涡模拟模型到雷诺模型交界面的数值计算影响，至今还未有比较可靠成熟的数值处理方法并应用到工程中。同时研究如何处理这类交界面的问题一直是湍流模型领域的研究热点之一。

第 5 章 植被水流的控制方程和模化

5.1 植被相关概念

5.1.1 植被阻抗力

植被阻抗力，顾名思义，指的是植被对水流平行移动方向上产生的阻力，一般采用 F_D 表示。

5.1.2 植被刚度

植被刚度是衡量植被抵抗弯曲的一个重要参数，通常采用 EI 来表示。

5.1.3 植被密度

植被密度是植被水流中很重要的一个概念，也是衡量植被对水流影响的统一参数。通常单位体积上的植被挡水面积，用 α 来表示。

对于圆柱体的植被，植被密度为

$$\alpha = Nd = d / S^2 \tag{5-1}$$

式中，N 为单位面积上植被株数；d 为植被特征直径；S 为植被间的距离。

5.2 含植被水流 N-S 控制方程

5.2.1 一般坐标下控制方程和湍动亚格子应力

对于含有植被的不可压缩水流流动，其植被对水流的阻力，可通过在 Navier-Stokes 方程中添加源项来描述，在一般坐标下数学表达式为

$$\frac{\partial}{\partial \xi^k}(\boldsymbol{J}^{-1}\xi_i^k u_i) = 0 \tag{5-2}$$

$$\frac{\partial(\boldsymbol{J}^{-1}u_i)}{\partial t}+\frac{\partial}{\partial\xi^k}(\boldsymbol{J}^{-1}\xi_i^k u_i u_j)=f_i-\frac{1}{\rho}\frac{\partial}{\partial\xi^k}(\boldsymbol{J}^{-1}\xi_i^k p)+\upsilon\frac{\partial}{\partial\xi^k}\left(\boldsymbol{J}^{-1}\xi_i^k\xi_i^l\frac{\partial u_i}{\partial\xi^l}\right)-\frac{1}{\rho}F_i \quad (5\text{-}3)$$

式中，ξ^k 为空间中任意坐标方向；$\xi_i^k=\dfrac{\partial\xi^k}{\partial x_i}$；$x_i$ 为直角坐标；$\boldsymbol{J}^{-1}$ 为 Jacobian 矩阵；f_i 为地球重力；ρ 为流体的密度；u_i 为直角坐标下的速度分量；p 为压强；υ 为水的黏性系数；t 为时间坐标；F_i 为植被所引起的阻抗力。

利用滤波对上述 Navier-Stokes 方程做过滤，滤波后的方程如下：

$$\frac{\partial}{\partial\xi^k}\left(\overline{\boldsymbol{J}^{-1}\xi_i^k}\overline{u}_i\right)=0 \quad (5\text{-}4)$$

$$\frac{\partial\left(\overline{\boldsymbol{J}^{-1}}\overline{u}_i\right)}{\partial t}+\frac{\partial}{\partial\xi^k}\left(\overline{\boldsymbol{J}^{-1}}\ \overline{\xi_i^k}\overline{u}_i\ \overline{u}_j\right)=f_i-\frac{1}{\rho}\frac{\partial}{\partial\xi^k}\left(\overline{\boldsymbol{J}^{-1}}\ \overline{\xi_i^k}\ \overline{p}\right)+\upsilon\frac{\partial}{\partial\xi^k}\left(\overline{\boldsymbol{J}^{-1}}\ \overline{\xi_i^k\xi_i^l}\frac{\partial\overline{u}_i}{\partial\xi^l}\right)$$
$$-\frac{\partial}{\partial\xi^k}\left(\overline{\boldsymbol{J}^{-1}}\ \overline{\xi_i^k}\tau_{ij}\right)-\frac{1}{\rho}F_i \quad (5\text{-}5)$$

含植被的湍动亚格子应力项 τ_{ij} 如何模化将在下文介绍。

5.2.2 一般坐标下控制 RANS 方程

同理，可对 N-S 方程做雷诺分解，得到类似方程（2-37）和（2-38）的含有植被雷诺方程。

$$\frac{\partial}{\partial\xi^k}(\boldsymbol{J}^{-1}\xi_i^k U_i)=0 \quad (5\text{-}6)$$

$$\frac{\partial(\boldsymbol{J}^{-1}U_i)}{\partial t}+\frac{\partial}{\partial\xi^k}(\boldsymbol{J}^{-1}\xi_i^k U_i U_j)=f_i-\frac{1}{\rho}\frac{\partial}{\partial\xi^k}(\boldsymbol{J}^{-1}\xi_i^k P)+\upsilon\frac{\partial}{\partial\xi^k}\left(\boldsymbol{J}^{-1}\xi_i^k\xi_i^l\frac{\partial U_i}{\partial\xi^l}\right)$$
$$-\frac{\partial}{\partial\xi^k}(\boldsymbol{J}^{-1}\xi_i^k\tau_{ij})-\frac{1}{\rho}F_i \quad (5\text{-}7)$$

5.3 含植被水流非静压水动力方程

对于自由表面流而言，N-S 控制方程的压力 p 可以进一步分解为

$$p=p_{\mathrm{a}}+p_h+p_{\mathrm{d}} \quad (5\text{-}8)$$

式中，p_{a} 为大气压；p_h 为水体的静止压强；p_{d} 为水体的动压。

N-S 控制方程的压力项转化为

$$-\frac{1}{\rho}\frac{\partial p}{\partial x_i}=-\frac{1}{\rho}\frac{\partial p_{\mathrm{a}}}{\partial x_i}-\frac{1}{\rho}\frac{\partial p_h}{\partial x_i}-\frac{1}{\rho}\frac{\partial p_{\mathrm{d}}}{\partial x_i}=-\frac{1}{\rho}\frac{\partial p_{\mathrm{a}}}{\partial x_i}+\frac{1}{\rho}\frac{\partial\left(g\int_z^{Zs}\rho\mathrm{d}\gamma\right)}{\partial x_i}-\frac{1}{\rho}\frac{\partial p_{\mathrm{d}}}{\partial x_i} \quad (5\text{-}9)$$

压力项在 x 和 y 方向可以进一步简化为

$$-\frac{1}{\rho}\frac{\partial p}{\partial x}=g\frac{\partial Zs}{\partial x}-\frac{1}{\rho}\frac{\partial p_{\mathrm{d}}}{\partial x} \tag{5-10}$$

$$-\frac{1}{\rho}\frac{\partial p}{\partial y}=g\frac{\partial Zs}{\partial y}-\frac{1}{\rho}\frac{\partial p_{\mathrm{d}}}{\partial y} \tag{5-11}$$

式中，Zs 为水面的波高。

N-S 方程可以转化为非静压的水动力方程为

$$\frac{\partial}{\partial \xi^k}(\boldsymbol{J}^{-1}\xi_i^k u_i)=0 \tag{5-12}$$

$$\begin{aligned}\frac{\partial(\boldsymbol{J}^{-1}u_i)}{\partial t}+\frac{\partial}{\partial \xi^k}(\boldsymbol{J}^{-1}\xi_i^k u_i u_j)=&\frac{\partial}{\partial \xi^k}(\boldsymbol{J}^{-1}g\xi_i^k Zs)\delta_{i,(i=1,2)}-\frac{1}{\rho}\frac{\partial}{\partial \xi^k}(\boldsymbol{J}^{-1}\xi_i^k p_{\mathrm{d}})\\&+\upsilon\frac{\partial}{\partial \xi^k}\left(\boldsymbol{J}^{-1}\xi_i^k\xi_i^l\frac{\partial u_i}{\partial \xi^l}\right)-\frac{1}{\rho}F_i\end{aligned} \tag{5-13}$$

5.4 水流中植被的模化

5.4.1 刚性植被模化

对于含刚性植被明渠水流，植被可概化为一系列的圆柱体或条形体，如图 5-1 所示，植被对水流的阻抗力写成：

$$F_i=Nf_i=\frac{1}{2}\rho C_d DN\overline{u}_i\sqrt{\overline{u}_j\overline{u}_j}=\frac{1}{2}\rho C_d\alpha\overline{u}_i\sqrt{\overline{u}_j\overline{u}_j} \tag{5-14}$$

式中，D 为圆柱体植被的直径（若植被为条形体，则为条形植被的特征宽 b）；α 为植被密度；C_d 为植被的阻力系数。

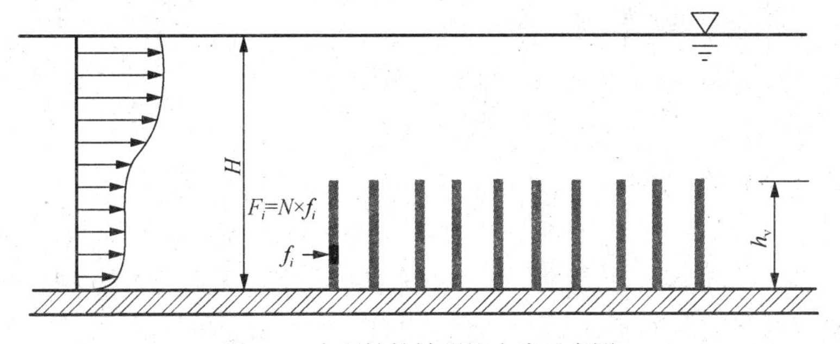

图 5-1 含刚性植被明渠水流示意图

5.4.2 柔性植被模化

对于柔性植被而言，由于水流的作用，柔性植被的高度会随水流流速大小以及柔性植被本身的刚度等特性而动态变化（图 5-2）。若采用类似刚性植被处理方法处理柔性植被则会带来较大的误差，同时也不能准确地模拟出柔性植被和水流相互作用动态的效果，为此，提出以下几种处理方法。

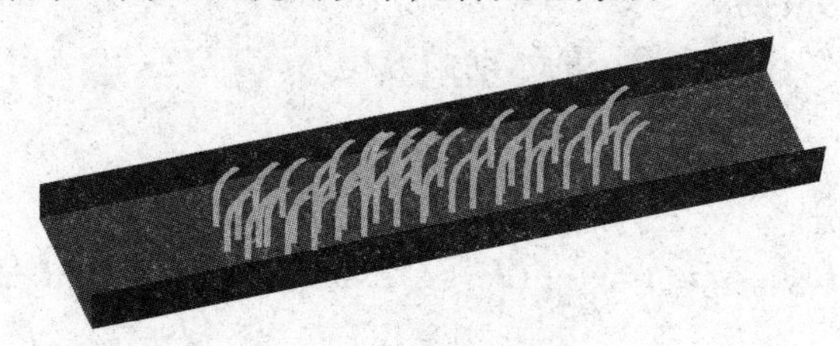

图 5-2　含柔性植被明渠水流示意图

（1）柔性植被模化途径一

对于单个柔性植被而言，其对水流的阻抗力可写为

$$F_D \propto U^{2+B} \tag{5-15}$$

式中，B 为 Vogel 数；U 为植被中的特征流速大小。

为了采用柔性植被像刚性植被采用水流流速二次方的方式描述，把植被对水流的阻抗力改写为 $F_D \propto C_d^f U^2$，$C_d^f \propto U^B$，则式（5-15）转换为

$$F_D = 0.5\rho C_d^f l U^2 \tag{5-16}$$

式中，l 为柔性植被的长度。

另外，Luhar 和 Nepf 实验给出了基于有效柔性植被长度下单个植被对水流的阻抗力为

$$F_D = 0.5\rho C_d l_e U^2 \tag{5-17}$$

式中，l_e 为柔性植被的有效长度；C_d 采用恒定值。

对比方程（5-15）和方程（5-17），可得出 $C_d^f / C_d = l_e / l \propto U^B$。同时，Luhar 和 Nepf 实验得出条柱体柔性植被有效长度和柔性植被长度的关系为

$$\frac{l_e}{l} = 1 - \frac{1-0.9Ca^{-1/3}}{1+Ca^{-3/2}\left(8+B^{3/2}\right)} \tag{5-18}$$

式中，Ca 为 Cauchy 数；其含义为植被对水流阻力和植被刚度大小之间的比值；B 为浮力数，其含义为植被浮力大小和植被刚度大小之间的比值。

它们在条形植被下写为

$$Ca = \frac{\rho C_d^f b l^3 U^2}{2EI} \tag{5-19}$$

$$B=\frac{\left(\rho-\rho_{v}\right)gbtl^{3}}{EI} \tag{5-20}$$

其中，b 为植被的宽；t 为植被的厚度；ρ_v 为植被的密度；EI 为植被刚度。

同时，Luhar 和 Nepf 给出了在恒定流条件下单个植被的弯曲后高度的经验公式：

$$\frac{h_{v}}{l}=1-\frac{1-Ca^{-1/4}}{1+Ca^{-3/5}\left(4+B^{3/2}\right)+Ca^{-2}\left(8+B^{2}\right)} \tag{5-21}$$

尽管上述公式为恒定流条件下单个植被弯曲后的平均高度，但采用以下两个假设，把它们应用到非恒定流和柔性植被群体中。

假设一，植被的弯曲后高度的公式在非恒定流条件下仍然有效。

假设二，植被群体和水流相互作用的特性都具备单个植被特件。

在上述两个假设前提下可得到在植被的弯曲后高度内柔性植被对水流阻抗力公式：

$$F_{i}=Nf_{i}=\frac{1}{2}C_{d}\frac{l_{e}}{l}\rho bN\overline{u}_{i}\sqrt{\overline{u}_{j}\overline{u}_{j}}=\frac{1}{2}C_{d}\frac{l_{e}}{l}\rho\alpha\overline{u}_{i}\sqrt{\overline{u}_{j}\overline{u}_{j}} \tag{5-22}$$

若植被刚度 EI 取为无穷大，则柔性植被对水流的阻抗力的表达式转换为刚性植被对水流阻抗力的表达式。

（2）柔性植被模化途径二

在柔性植被模化中 Cauchy 数 Ca 和浮力数 B 的概念上，Luhar 和 Nepf 实验及理论上得出单个植被的有效长度和植被的弯曲后高度之间的关系为

$$\frac{l_{e}}{l}=1-\frac{1-0.9Ca^{-1/3}}{1+Ca^{-3/2}\left(8+B^{3/2}\right)}=\cos^{3}\theta \tag{5-23}$$

$$\frac{h_{v}}{l}=\cos\theta \tag{5-24}$$

从式（5-23）和式（5-24）可以得出单个植被的弯曲后高度可以用单个植被的有效长度表达：

$$\frac{h_{v}}{l}=\left(\frac{l_{v}}{l}\right)^{1/3} \tag{5-25}$$

同途径一方法不同的是，该方法中单个植被的弯曲后高度可以用单个植被的有效长度表达，而不直接采用 Cauchy 数 Ca 和浮力数 B 来表达。该方法可以有效地模拟波浪环境下柔性植被高度随波浪起伏过程。

同样采用柔性植被模拟途径一中的两个假设，则柔性植被对水流阻抗力仍然可采用式（5-16）表示。或者直接采用下面的表达式：

$$F_{i}=Nf_{i}=\frac{1}{2}C_{d}\rho bN\overline{u}_{i}\sqrt{\overline{u}_{j}\overline{u}_{j}}=\frac{1}{2}C_{d}\rho\alpha\overline{u}_{i}\sqrt{\overline{u}_{j}\overline{u}_{j}} \tag{5-26}$$

（3）柔性植被模化途径三

鉴于材料力学和流体概念，Kouwen 和 Li（1980）提出了柔性植被和水流切应力之间的关系：

$$\left(\frac{h_v}{l}\right)^{0.63}=\frac{3.4}{l}\left(\frac{NEI}{\rho ghs}\right)^{0.25} \tag{5-27}$$

式中，ρghs 为植被对水流的阻力引起的切应力。

对于含柔性植被的水流，ρghs 简化为等于 NF_i。F_i 为水流作用在弯曲植被后植被上阻力。

5.4.3 波浪中植被的模化

波浪中的植被（图 5-3）受到波浪力分为水平拖曳力和水平惯性力两个部分，采用 Morison 公式来描述为

$$F_i=Nf_i=Nf_D+Nf_I=\frac{1}{2}\rho C_d DN\overline{u}_i\sqrt{\overline{u}_j\overline{u}_j}+\rho C_m VN\frac{\partial \overline{u}_i}{\partial t} \tag{5-28}$$

式中，V 为植被的体积；C_m 为惯性力系数。

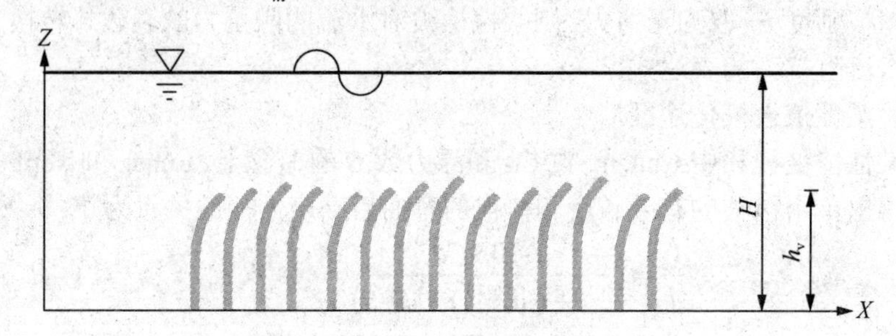

图 5-3　植被-波浪作用示意图

5.4.4 湍流模型模化

（1）湍流模型模化途径一

对于植被所引起的湍动能，可写为

$$k=0.5C_d DN\overline{u}_i^{\,2}\sqrt{\overline{u}_j\overline{u}_j} \tag{5-29}$$

根据湍流模化的理论，湍动涡黏性系数可以模化为 $\nu_t=C_u k^{1/2}l$。对于高密度植被而言，植被区域内湍流尺度 l 等于平均植被直径 D；对于低密度植被而言，植被区域内湍流尺度 l 等于植被间的平均空间距离 S。因此，植被区域内湍流尺度 l 可取为 D 或 S 的最小值。因而，植被区域由植被湍动涡黏性可模化为

$$\upsilon_{\text{veg}} = C_u k^{1/2} l = \frac{1}{2} C_u \left(C_d DN \left(\overline{u}_i \right)^2 \sqrt{\overline{u}_j \overline{u}_j} \right)^{1/2} \min(D, S) \tag{5-30}$$

另外，对于大涡模拟的亚格子尺度 $\varDelta$ 一般大于植被直径 D 或植被空间距离 S。若大涡模拟采用经典 SM 模型，则含有植被水流涡黏性表达式写为

$$\upsilon_t = \max\left(\upsilon_{\text{smg}}, \upsilon_{\text{veg}}\right) = \max\left(\frac{1}{2} C_u \left(C_d DN \left(\overline{u}_i \right)^2 \sqrt{\overline{u}_j \overline{u}_j} \right)^{1/2} \min(D, S), (C_s \varDelta)^2 \left| S \right| \right) \tag{5-31}$$

式中，C_u 取值为 0.09；C_s 取值为 0.1 左右。

（2）湍流模型模化途径二

1）改进的 Sagaut 模型。对于植被而言，植被区域内湍流尺度 l 等于平均植被直径 D 或者植被间平均距离大小 S，因此植被区域内湍流尺度 l 可取为植被直径 D 或者植被间平均距离大小 S。对于大涡模拟而言，其亚格子尺度为 $\varDelta$。对于植被区域内，湍流尺度受到 D，或者 S，或者 $\varDelta$ 控制。为此，植被区域内湍流尺度 l 可写为 $\min(b, S, \varDelta)$。可以采用湍流尺度 l 代替大涡模拟中亚格子尺度。例如，采用混合尺度模型，在植被区域内其涡黏性表达式可写为

$$\upsilon_t = C_s l^{3/2} q_c^{1/4} \left(2 \overline{S}_{ij} \overline{S}_{ij} \right)^{1/2} \tag{5-32}$$

式中，C_s=0.06；$l = \min(b, S, \varDelta)$；$\varDelta = \left(\Delta x \Delta y \Delta z \right)^{1/3}$；$q_c = 0.5\left(\overline{u}_i - \overline{\overline{u}}_i \right)^2$；$\overline{\overline{u}}_i$ 为二次滤波速度。

例如，在 i 方向上常采用二阶精度的辛普森积分获取滤波速度，即

$$\overline{\overline{u}}_i = \frac{1}{6}\left(\overline{u}_{i+1} + 4\overline{u}_i + \overline{u}_{i-1} \right)$$

2）改进的 DDES 模型。正如前文所说，Edward 修正版本的 S-A RANS 模型数值计算更加稳定。为此，这里采用给出基于 Edward 修正版本 S-A RANS 方程的 DDES 模型的改进。基于 Edward 修正版本 S-A RANS 模型为

$$\begin{aligned} & \frac{\partial (\boldsymbol{J}^{-1} \tilde{v}_t)}{\partial t} + \frac{\partial}{\partial \xi^k} (J^{-1} \xi_i^k U_i \tilde{v}_t) \\ & = \frac{1}{\sigma} \left[\frac{\partial}{\partial \xi^k} \left(\left(\upsilon + \tilde{v}_t \right) \boldsymbol{J}^{-1} \xi_i^k \xi_i^l \frac{\partial \tilde{v}_t}{\partial \xi^l} \right) + c_{b2} \frac{\partial}{\partial \xi^k} (\boldsymbol{J}^{-1} \xi_i^k \tilde{v}_t) \frac{\partial}{\partial \xi^k} (\boldsymbol{J}^{-1} \xi_i^k \tilde{v}_t) \right] \\ & \quad + c_{b1} \tilde{S}_v \tilde{v}_t - c_{w1} f_w \left(\frac{\tilde{v}_t}{d_w} \right)^2 \end{aligned} \tag{5-33}$$

式中，$v_t = \tilde{v}_t f_{v1}$；$\tilde{S}_v = S\left(1/\chi + f_{v1} \right)$；$S = \sqrt{2 S_{ij} S_{ij}}$；$S_{ij} = \frac{1}{2}\left(\frac{\partial}{\partial \xi^k} (\boldsymbol{J}^{-1} \xi_j^k U_i) + \frac{\partial}{\partial \xi^k} (\boldsymbol{J}^{-1} \xi_i^k U_j) \right)$；$\chi = \frac{\tilde{v}_t}{\nu}$；$f_{v1} = \frac{\chi^3}{\chi^3 + c_{v1}^2}$；$f_{v2} = 1 - \frac{\chi}{\chi f_{v1} + 1}$；$f_{v3} = 1$；

$f_w = g\left(\dfrac{1+c_{w3}^6}{g^6+c_{w3}^6}\right)^{1/6}$；$g = r + c_{w2}\left(r^6 - r\right)$；$r = \dfrac{\tanh\left(\tilde{v}_t / \left(\tilde{S}_v \kappa^2 d_w^2\right)\right)}{\tanh(1.0)}$；$\kappa$=0.4；$\sigma = 2/3$；

$c_{b1} = 0.1355$；$c_{b2} = 0.622$；$c_{v1} = 7.1$；$c_{w1} = \dfrac{c_{b1}}{\kappa^2} + \dfrac{1+c_{b2}}{\sigma}$；$c_{w2} = 0.3$；$c_{w3} = 2$；$d_w$为到壁面的最近距离。

对于DDES，DDES中的尺度d_w采用新的尺度，定义为

$$\tilde{d} = d_w - f_d \max\left(0., d_w - l_{\text{les}}\right) \tag{5-34}$$

式中，$f_d = 1 - \tanh\left(\left[8r_d\right]^3\right)$；$r_d = \left(v + v_t\right) \Big/ \left(\sqrt{\dfrac{\partial}{\partial \xi^k}(\boldsymbol{J}^{-1}\xi_j^k U_i)\dfrac{\partial}{\partial \xi^k}(\boldsymbol{J}^{-1}\xi_j^k U_i)}\kappa^2 d_w^2\right)$。

同样在植被区域内湍流尺度l可写为$\min(b,S,\varDelta)$，则DDES中湍流尺度可表示为

$$l_{\text{les}} = \begin{cases} \min(b,S,C_{\text{DDES}}\varDelta) \\ C_{\text{DDES}}\varDelta \end{cases} \tag{5-35}$$

其中，C_{DDES}=0.65；$\varDelta = \max\left(\Delta x, \Delta y, \Delta z\right)$。

同样，可以把这种方法推广到其他模型中。

3）改进的Yishizawa模型。对于像额外求解一个亚格子能量方程Yishizawa模型，其中湍流的破坏项中亚格子尺度$\varDelta$变为$l = \min(b,S,\varDelta)$，则方程（3-41）变为

$$\begin{aligned} \frac{\partial(\boldsymbol{J}^{-1}k)}{\partial t} + \frac{\partial}{\partial \xi^k}(\boldsymbol{J}^{-1}\xi_i^k \overline{u}_i k) = \frac{\partial}{\partial \xi^k}\left(\left(\upsilon + \tilde{v}_t\right)\boldsymbol{J}^{-1}\xi_i^k \xi_i^l \frac{\partial k}{\partial \xi^l}\right) \\ + 2\upsilon_t S_{ij} S_{ij} - C_\varepsilon \frac{k^{3/2}}{\min(b,S,\varDelta)} \end{aligned} \tag{5-36}$$

式中，$C_\varepsilon = 1.05$；$S_{ij} = \dfrac{1}{2}\left(\dfrac{\partial}{\partial \xi^k}(\boldsymbol{J}^{-1}\xi_j^k \overline{u}_i) + \dfrac{\partial}{\partial \xi^k}(\boldsymbol{J}^{-1}\xi_i^k \overline{u}_j)\right)$。

5.5 污染物在植被水流迁移控制方程的建立

污染物在含植被水流迁移过程在求解N-S方程的基础上还需补充额外的方程。描述污染物迁移过程有两种方法：一种是描述对流扩散方程的欧拉方程；另一种描述粒子迁移的拉格朗日方程。

考虑浮力影响后滤波 N-S 方程为

$$\frac{\partial}{\partial \xi^k}\left(\overline{\boldsymbol{J}^{-1}\xi_i^k}\overline{u}_i\right)=0 \tag{5-37}$$

$$\frac{\partial(\overline{\boldsymbol{J}^{-1}}\overline{u}_i)}{\partial t}+\frac{\partial}{\partial \xi^k}\left(\overline{\boldsymbol{J}^{-1}\xi_i^k}\overline{u}_i\overline{u}_j\right)=f_i-\frac{1}{\rho}\frac{\partial}{\partial \xi^k}\left(\overline{\boldsymbol{J}^{-1}\xi_i^k}\overline{p}\right)+\upsilon\frac{\partial}{\partial \xi^k}\left(\overline{\boldsymbol{J}^{-1}\xi_i^k\xi_i^l}\frac{\partial \overline{u}_i}{\partial \xi^l}\right)$$

$$-\frac{\partial}{\partial \xi^k}\left(\overline{\boldsymbol{J}^{-1}\xi_i^k}\tau_{ij}\right)-\frac{\rho-\rho_a}{\rho}g_i-\frac{1}{\rho}F_i \tag{5-38}$$

式中，ρ_a 为污染物流体密度。

同时，湍动涡黏性系数 υ_t 修正为 $\upsilon_t=\upsilon_t(1+10R_i)^{-0.5}$；$R_i$ 为梯度 Richardson 数。

5.5.1 欧拉法

对于污染物迁移过程，可以采用对流和扩散方程来描述污染物迁移过程，即

$$\frac{\partial(\overline{\boldsymbol{J}^{-1}}\overline{C})}{\partial t}+\frac{\partial}{\partial \xi^k}\left(\overline{\boldsymbol{J}^{-1}\xi_i^k}\overline{u}_i\overline{C}\right)=\frac{\partial}{\partial \xi^k}\left(D_t\overline{\boldsymbol{J}^{-1}\xi_i^k\xi_i^l}\frac{\partial \overline{C}}{\partial \xi^l}\right)+Sc \tag{5-39}$$

式中，$\overline{C}$ 为污染物浓度；D_t 为污染物扩散系数和 Sc 为污染物源汇项。

5.5.2 拉格朗日法

描述污染物粒子迁移过程的另外一种方式是拉格朗日法，该方程为

$$X_{\mathrm{p}}^{n+1}=X_{\mathrm{p}}^{n}+\left(\overline{u}_{\mathrm{p}}^{n}+\frac{\partial}{\partial \xi^k}\left(\overline{\boldsymbol{J}^{-1}}\,\overline{\xi_i^k}D_t\right)\right)\Delta t+\xi_{\mathrm{p}}\sqrt{(2D_{\mathrm{t}})\Delta t} \tag{5-40}$$

式中，X_{p}^{n+1} 为粒子在 n+1 时刻的位置；X_{p}^{n} 为粒子在 n 时刻的位置；ξ_{p} 服从 $N(0,1)$ 的随机数；$\overline{u}_{\mathrm{p}}^{n}$ 为粒子在 n 时刻的速度。

5.5.3 污染物扩散系数模化

由于植被的影响，污染物在植被中迁移轨迹将大大增加。为了描述由植被引起的机械弥散过程，Nepf 等（1997）在粒子随机游走模型基础上提出了描述机械弥散的表达式：

$$D_m=\frac{\beta^2}{2}N\overline{u}_m b^3 \tag{5-41}$$

式中，$\beta=\sqrt{2}$；$\overline{u}_m$ 为植被区域内速度大小。

假设污染物在植被中扩散分别受到分子、湍动和机械扩散控制以及这三个过程分别服从 Fick 过程，则污染物扩散系数为

$$D_t = \frac{v_t + v + \frac{\beta^2}{2} N\overline{u}_m b^3}{Sct} \tag{5-42}$$

式（5-42）中右边的分子第一项为湍动扩散项，可采用上述任何一种湍动涡黏性系数来代替；右边的分子第二项为分子扩散项；右边的分子第三项为机械弥散项；*Sct* 为湍动 Schmidt 数。同传统的污染物扩散系数相比较，多出一个机械扩散值，数值计算表明这个值在有植被水流中不能忽略。

其导数的节点值与所选用的插值函数组成的线性表达式，借助于变分原理或加权余量法，将微分方程离散求解。采用不同的权函数和插值函数形式，便构成不同的有限元方法。有限元方法最早应用于结构力学，后来随着计算机的发展慢慢用于流体力学的数值模拟。

（4）有限分析法

这是在有限元法的基础上的一种改进，是由20世纪70年代美籍华人陈景仁提出来的，该方法是在局部单元上线性化微分方程和插值近似边界的条件下，在局部单元上求微分方程的解析解，从而构成整体的线性代数方程组。有限分析法将解析法与数值法相结合，是计算流体力学的一个进步。其优点是计算精度较高，并具有自动迎风特性，计算稳定性好，收敛较快，但单元系数中含有较复杂的无穷级数，给实际计算和理论分析都带来了一些困难。近年来，引入有限差分思想的混合有限分析法，避免了计算无穷级数的问题，大大提高了该方法的应用价值。但无论有限分析法还是混合有限分析法，都存在有限分析系数复杂，计算速度慢等缺点。

尽管对于计算方法选取的观点不尽一致，但是有限差分法是数值计算中运用最早的方法，具有数学特性最清楚等优点，使其在工程数值计算中得到最广泛运用。尤其是近十几年来，大涡模拟中对对流项要求高精度离散和使用浸入边界法（immersed boundary method）来处理不规则边界方法的出现，更是加强了其与有限控制体积法和有限元法等数值模拟方法的竞争力。

6.2 N-S 控制方程离散

6.2.1 单层σ坐标转换

σ坐标由于其概念简单，计算效率高，很快在海洋和水利方面广泛应用起来。该坐标的主要优点是它能同时处理自由表面的变化和不规则地形。σ坐标的使用可以避免采用笛卡儿坐标处理水下不规则地形而采用阶梯状边界问题。采用垂直σ坐标，可把一般坐标下的方程转化为采用σ坐标的方程：

$$\xi^0 = t;\quad \xi^1 = x = X;\quad \xi^2 = y = Y;\quad \xi^3 = z = \sigma = \frac{z+h}{H} \tag{6-1}$$

式中，$x_i = X_i$为i方向坐标；η为自由表面波高；$H = h+\eta$，h为静止水深；当z在$-h$到η变化时，σ在0～1之间变化，如图6-1所示。

第 6

控制方程的离散和边界条

6.1 数值方法简介

植被水流及污染物迁移模拟中应用广泛且较为成熟的计算方法主要有有分法、有限控制体积法、有限单元法和有限分析法。

（1）有限差分法

这种数值方法通过有限个微分方程近似求导，从而寻求微分方程的近似有限差分法的基本思想是把连续的定解区域用有限个离散点构成的网格来代这些离散点称作网格的节点；把连续定解区域上的连续变量的函数用在网格义的离散变量函数来近似；把原方程和定解条件中的微商用差商来近似，积积分和来近似，于是原微分方程和定解条件就近似地代之以代数方程组，即差分方程组，解此方程组就可以得到原问题在离散点上的近似解。

（2）有限控制体积法

这是将计算区域划分为一系列不重复的控制体积，并使每个网格点周围个控制体积；将待解的微分方程对每一个控制体积积分，便得出一组离散方其中的未知数是网格点上的因变量的数值。为了求出控制体积的积分，必须值在网格点之间的变化规律，即假设值的分段的分布的分布剖面。有限体积法基本思路易于理解，并能得出直接的物理解释。离散方程的物理意义，就是因量在有限大小的控制体积中的守恒原理，如同微分方程表示因变量在无限小的制体积中的守恒原理一样。有限体积法得出的离散方程，要求因变量的积分守对任意一组控制体积都得到满足，对整个计算区域，自然也得到满足。这是有体积法吸引人的优点。

（3）有限单元法

这是一种有效解决数学问题的解题方法。其基础是变分原理和加权余量法其基本求解思想是把计算域划分为有限个互不重叠的单元，在每个单元内，选一些合适的节点作为求解函数的插值点，将微分方程中的变量改写成由各变量

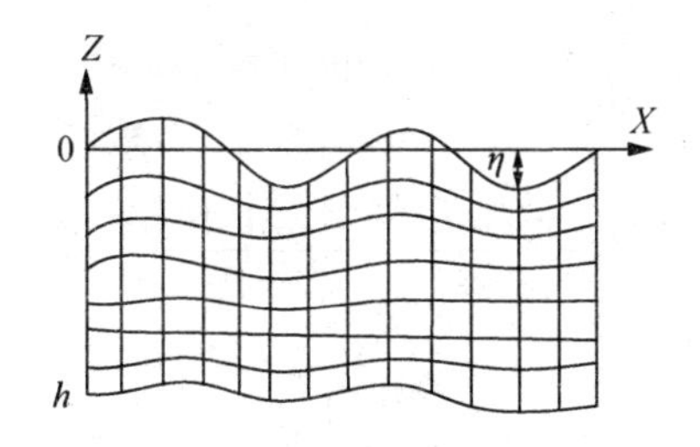

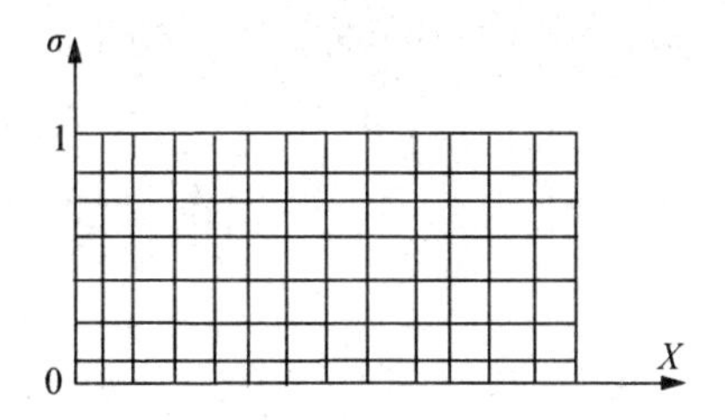

图 6-1　单层σ坐标物理区域（左）与计算区域（右）示意图

根据微分法则得到如下的关系：

$$\frac{\partial \xi^3}{\partial \xi^0}=\frac{\partial \sigma}{\partial t}=-\frac{\sigma}{H}\frac{\partial H}{\partial t} \tag{6-2}$$

$$\frac{\partial \xi^3}{\partial x_1}=\frac{\partial \sigma}{\partial x}=\frac{1}{H}\frac{\partial h}{\partial \xi^1}-\frac{\sigma}{H}\frac{\partial H}{\partial \xi^1} \tag{6-3}$$

$$\frac{\partial \xi^3}{\partial x_2}=\frac{\partial \sigma}{\partial y}=\frac{1}{H}\frac{\partial h}{\partial \xi^2}-\frac{\sigma}{H}\frac{\partial H}{\partial \xi^2} \tag{6-4}$$

$$\frac{\partial \xi^3}{\partial x_3}=\frac{\partial \sigma}{\partial z}=\frac{1}{H} \tag{6-5}$$

把上述的关系代入控制方程中，经过代数运算得到在$XY\sigma$坐标下的各个分量方程如下。

连续方程：

$$\frac{\partial \overline{u}}{\partial X}+\frac{\partial \overline{u}}{\partial \sigma}\frac{\partial \sigma}{\partial x}+\frac{\partial \overline{v}}{\partial Y}+\frac{\partial \overline{v}}{\partial \sigma}\frac{\partial \sigma}{\partial y}+\frac{\partial \overline{w}}{\partial \sigma}\frac{\partial \sigma}{\partial z}=0 \tag{6-6}$$

动量方程：

$$\begin{aligned}\frac{\partial \overline{u}}{\partial t}+\overline{u}\frac{\partial \overline{u}}{\partial X}+\overline{v}\frac{\partial \overline{u}}{\partial Y}+\overline{\omega}\frac{\partial \overline{u}}{\partial \sigma}&=-\frac{1}{\rho}\left(\frac{\partial \overline{p}}{\partial X}+\frac{\partial \overline{p}}{\partial \sigma}\frac{\partial \sigma}{\partial x}\right)+g_X-\frac{1}{\rho}F_x\\&\quad+\frac{\partial \tau_{xx}}{\partial X}+\frac{\partial \tau_{xx}}{\partial \sigma}\frac{\partial \sigma}{\partial x}+\frac{\partial \tau_{xy}}{\partial Y}+\frac{\partial \tau_{xy}}{\partial \sigma}\frac{\partial \sigma}{\partial y}+\frac{\partial \tau_{xz}}{\partial \sigma}\frac{\partial \sigma}{\partial z}\end{aligned} \tag{6-7}$$

$$\begin{aligned}\frac{\partial \overline{v}}{\partial t}+\overline{u}\frac{\partial \overline{v}}{\partial X}+\overline{v}\frac{\partial \overline{v}}{\partial Y}+\overline{\omega}\frac{\partial \overline{v}}{\partial \sigma}&=-\frac{1}{\rho}\left(\frac{\partial \overline{p}}{\partial Y}+\frac{\partial \overline{p}}{\partial \sigma}\frac{\partial \sigma}{\partial y}\right)+g_Y-\frac{1}{\rho}F_y\\&\quad+\frac{\partial \tau_{yx}}{\partial X}+\frac{\partial \tau_{yx}}{\partial \sigma}\frac{\partial \sigma}{\partial x}+\frac{\partial \tau_{yy}}{\partial Y}+\frac{\partial \tau_{yy}}{\partial \sigma}\frac{\partial \sigma}{\partial y}+\frac{\partial \tau_{yz}}{\partial \sigma}\frac{\partial \sigma}{\partial z}\end{aligned} \tag{6-8}$$

$$\frac{\partial \overline{w}}{\partial t}+\overline{u}\frac{\partial \overline{w}}{\partial X}+\overline{v}\frac{\partial \overline{w}}{\partial Y}+\overline{\omega}\frac{\partial \overline{w}}{\partial \sigma}=-\frac{1}{\rho}\frac{\partial \overline{p}}{\partial \sigma}\frac{\partial \sigma}{\partial z}+g_Z-\frac{1}{\rho}F_z$$
$$+\frac{\partial \tau_{zx}}{\partial X}+\frac{\partial \tau_{zx}}{\partial \sigma}\frac{\partial \sigma}{\partial x}+\frac{\partial \tau_{zy}}{\partial Y}+\frac{\partial \tau_{zy}}{\partial \sigma}\frac{\partial \sigma}{\partial y}+\frac{\partial \tau_{zz}}{\partial \sigma}\frac{\partial \sigma}{\partial z} \tag{6-9}$$

式中，

$$\overline{\omega}=\frac{D\sigma}{Dt}=\frac{\partial \sigma}{\partial t}+\overline{u}\frac{\partial \sigma}{\partial x}+\overline{v}\frac{\partial \sigma}{\partial y}+\overline{w}\frac{\partial \sigma}{\partial z};$$

$$\tau_{xx}=2(\mu+\nu_t)\left(\frac{\partial \overline{u}}{\partial X}+\frac{\partial \overline{u}}{\partial \sigma}\frac{\partial \sigma}{\partial x}\right);\quad \tau_{xy}=\tau_{yx}=(\mu+\nu_t)\left(\frac{\partial \overline{u}}{\partial Y}+\frac{\partial \overline{u}}{\partial \sigma}\frac{\partial \sigma}{\partial y}+\frac{\partial \overline{v}}{\partial X}+\frac{\partial \overline{v}}{\partial \sigma}\frac{\partial \sigma}{\partial x}\right);$$

$$\tau_{xz}=\tau_{zx}=(\mu+\nu_t)\left(\frac{\partial \overline{u}}{\partial \sigma}\frac{\partial \sigma}{\partial z}+\frac{\partial \overline{w}}{\partial X}+\frac{\partial \overline{w}}{\partial \sigma}\frac{\partial \sigma}{\partial x}\right);\quad \tau_{yy}=2(\mu+\nu_t)\left(\frac{\partial \overline{v}}{\partial Y}+\frac{\partial \overline{v}}{\partial \sigma}\frac{\partial \sigma}{\partial y}\right);$$

$$\tau_{yz}=\tau_{zy}=(\mu+\nu_t)\left(\frac{\partial \overline{v}}{\partial \sigma}\frac{\partial \sigma}{\partial z}+\frac{\partial \overline{w}}{\partial Y}+\frac{\partial \overline{w}}{\partial \sigma}\frac{\partial \sigma}{\partial y}\right);\quad \tau_{zz}=2(\mu+\nu_t)\left(\frac{\partial \overline{w}}{\partial \sigma}\frac{\partial \sigma}{\partial z}\right)。$$

6.2.2 分步算法

（1）计算网格

采用了 σ 坐标把带有波动自由面和不均匀底面的不规则物理区域中转化为规则的矩形计算区域，为了更好地使用有限差分法求解矩形区域里的控制方程和边界条件，在计算区域内采用矩形正交网格。将计算区域划分为 $M \times N \times L$ 个小立方体，如图 6-2 所示。为了避免速度和压力求解中出现棋盘格式压力差问题，目前

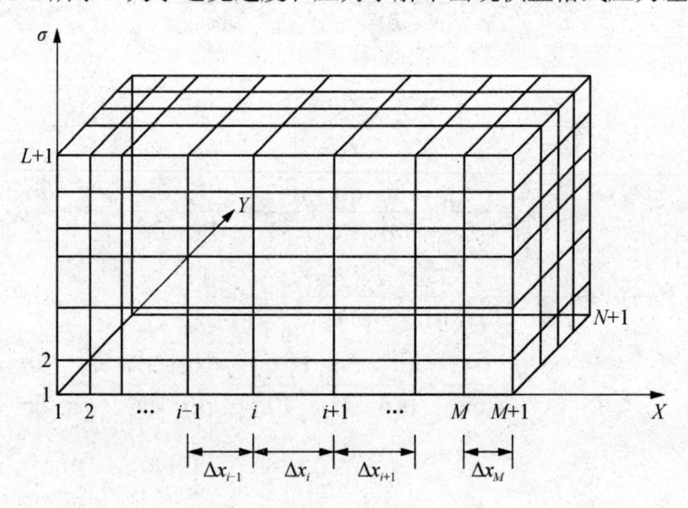

图 6-2　非均匀网格划分示意图

有两种方法：一种采用交错网格系统，这种方法把速度布置在网格边界线处，压力位于网格中心（如常见有限控制体积法中的 SIMPLE 系列算法等）；另外一种是采用同位网格，所有的变量都布置在计算节点处，在求解压力时采用插值来避免上述交错压力问题。X 轴上的节点用 i=1，2，⋯，M+1 标示，在 Y 轴的节点用 j=1，2，⋯，N+1 标示，在 σ 轴的节点用 k=1，2，⋯，L+1 标示。在 X 轴节点 i 和 i+1 的距离，也就是 X 轴第 i 个计算单元的长度，定义为Δx_i；同理定义Δy_j 和$\Delta\sigma_k$。为了模拟工程中的复杂流动，模型中使用了不均匀网格布置，即$\Delta x_i\neq\Delta x_{i+1}$。

（2）分步算法

分步算法，又称破开算子法，是计算数学中的一种分裂算法，最早由苏联学者 Yanenko 提出来。它通过引进中间变量，将复杂的偏微分方程转换为简单的微分方程，从而使求解简化。采用分步算法对上述控制方程进行求解。根据方程的特点，把动量方程分为四步求解：对流项、扩散项、源项和压力传播项四个部分。为了方便，以 X 方向为例，给出分步算法计算步骤。

1）对流项：

$$\frac{\overline{u}_{i,j,k}^{n+1/4}-\overline{u}_{i,j,k}^{n}}{\Delta t}+\left(\overline{u}\frac{\partial\overline{u}}{\partial X}+\overline{v}\frac{\partial\overline{u}}{\partial Y}+\overline{\omega}\frac{\partial\overline{u}}{\partial\sigma}\right)_{i,j,k}^{n}=0 \tag{6-10}$$

在求解式（6-10）前，可以再次利用分步法的思想，将其进一步分解成 3 个子步骤如下：

$$\frac{\overline{u}_{i,j,k}^{n+1/12}-\overline{u}_{i,j,k}^{n}}{\Delta t}+\left(\overline{u}\frac{\partial\overline{u}}{\partial X}\right)_{i,j,k}^{n}=0 \tag{6-11}$$

$$\frac{\overline{u}_{i,j,k}^{n+2/12}-\overline{u}_{i,j,k}^{n+1/12}}{\Delta t}+\left(\overline{v}\frac{\partial\overline{u}}{\partial Y}\right)_{i,j,k}^{n+1/12}=0 \tag{6-12}$$

$$\frac{\overline{u}_{i,j,k}^{n+3/12}-\overline{u}_{i,j,k}^{n+2/12}}{\Delta t}+\left(\overline{\omega}\frac{\partial\overline{u}}{\partial\sigma}\right)_{i,j,k}^{n+2/12}=0 \tag{6-13}$$

因为上述 3 个对流子步骤有着类似的数学特征，可通过相同数值法求解。对于纯粹的对流方程有许多成熟的求解格式可以使用，如 TVD 格式、Lax-Wendroff 格式等。为了提高计算精度，这里介绍二次向后特征线法和 Lax-Wendroff 格式耦合法对对流分步项进行离散求解。为了简便，仅讨论 $\overline{u}_{i,j,k}$>0 的情况。

为了使用二次向后特征法，首先定义对流距离Δx_a，$\Delta x_a=\overline{u}_{i,j,k}^{n}\Delta t$，以方程（6-11）为例，离散格式如下：

$$\left(\overline{u}_{i,j,k}^{n+1/12}\right)_{QC}=\frac{(\Delta x_{i-1}-\Delta x_a)(-\Delta x_a)}{\Delta x_{i-2}(\Delta x_{i-2}+\Delta x_{i-1})}\overline{u}_{i-2,j,k}^{n}+\frac{(\Delta x_{i-2}+\Delta x_{i-1}-\Delta x_a)(-\Delta x_a)}{(\Delta x_{i-2})(-\Delta x_{i-1})}\overline{u}_{i-1,j,k}^{n}+\frac{(\Delta x_{i-2}+\Delta x_{i-1}-\Delta x_a)(\Delta x_{i-1}-\Delta x_a)}{(\Delta x_{i-2}+\Delta x_{i-1})\Delta x_{i-1}}\overline{u}_{i,j,k}^{n} \tag{6-14}$$

采用 Lax-Wendroff 格式离散方程（6-11）如下：

$$\left(\overline{u}_{i,j,k}^{n+1/12}\right)_{LW}=\frac{\Delta x_a(\Delta x_i+\Delta x_a)}{\Delta x_{i-1}(\Delta x_{i-1}+\Delta x_i)}\overline{u}_{i-1,j,k}^{n}+\frac{(\Delta x_{i-1}-\Delta x_a)(-\Delta x_i-\Delta x_a)}{\Delta x_{i-1}(-\Delta x_i)}\overline{u}_{i,j,k}^{n}+\frac{(\Delta x_{i-1}-\Delta x_a)(-\Delta x_a)}{(\Delta x_{i-1}+\Delta x_i)\Delta x_i}\overline{u}_{i+1,j,k}^{n} \tag{6-15}$$

为了得到稳定和精确的数值结果，本书采用上述两离散格式的平均值得到如下离散格式：

$$\overline{u}_{i,j,k}^{n+1/12}=\left[\left(\overline{u}_{i,j,k}^{n+1/12}\right)_{QC}+\left(\overline{u}_{i,j,k}^{n+1/12}\right)_{LW}\right]\Big/2 \tag{6-16}$$

2）扩散项：完成对流分步项求解后，进行扩散分步项离散。

$$\frac{\overline{u}_{i,j,k}^{n+2/4}-\overline{u}_{i,j,k}^{n+1/4}}{\Delta t}=\left(\frac{\partial\tau_{xx}}{\partial X}+\frac{\partial\tau_{xx}}{\partial\sigma}\frac{\partial\sigma}{\partial x}+\frac{\partial\tau_{xy}}{\partial Y}+\frac{\partial\tau_{xy}}{\partial\sigma}\frac{\partial\sigma}{\partial y}+\frac{\partial\tau_{xz}}{\partial\sigma}\frac{\partial\sigma}{\partial z}\right)_{i,j,k}^{n+1/4} \tag{6-17}$$

采用时间前差，空间中心差分格式离散上述方程。为了方便，只对$\left(\frac{\partial\tau_{xx}}{\partial X}\right)_{i,j,k}^{n+1/4}$进行中心差分格式离散：

$$\left(\frac{\partial\tau_{xx}}{\partial X}\right)_{i,j,k}^{n+1/4}=\frac{\left(\tau_{xx}\right)_{i+1/2,j,k}^{n+1/4}-\left(\tau_{xx}\right)_{i-1/2,j,k}^{n+1/4}}{\left(\Delta x_{i-1}+\Delta x_i\right)/2}. \tag{6-18}$$

式中，

$$\left(\tau_{xx}\right)_{i+1/2,j,k}^{n+1/4}=2(\nu+\nu_t)\left(\frac{\overline{u}_{i+1,j,k}-\overline{u}_{i,j,k}}{\Delta x_i}+\frac{\overline{u}_{i+1/2,j,k+1}-\overline{u}_{i+1/2,j,k-1}}{\Delta\sigma_{k-1}+\Delta\sigma_k}\left(\frac{\partial\sigma}{\partial x}\right)_{i+1/2,j,k}\right)^{n+1/4};$$

$$\left(\tau_{xx}\right)_{i-1/2,j,k}^{n+1/4}=2(\nu+\nu_t)\left(\frac{\overline{u}_{i,j,k}-\overline{u}_{i-1,j,k}}{\Delta x_{i-1}}+\frac{\overline{u}_{i-1/2,j,k+1}-\overline{u}_{i-1/2,j,k-1}}{\Delta\sigma_{k-1}+\Delta\sigma_k}\left(\frac{\partial\sigma}{\partial x}\right)_{i-1/2,j,k}\right)^{n+1/4}。$$

节点间的速度通过线性插值得到。σ 的派生项可由式（6-2）～式（6-5）计算。

3）源项：植被对水流的作用力，通过源项反映，求解下面公式：

$$\frac{\overline{u}_{i,j,k}^{n+3/4}-\overline{u}_{i,j,k}^{n+2/4}}{\Delta t}=-\frac{1}{\rho}(F)_{i,j,k} \tag{6-19}$$

4）压力传播项：该步骤是计算控制方程中的压力和重力项。为了求解压力和速度耦合问题，这里采用 Projection 方法来解决。压力的变化通过求解 Poisson 压力方程来满足连续方程来得到。

$$\frac{\overline{u}_{i,j,k}^{n+1}-\overline{u}_{i,j,k}^{n+3/4}}{\Delta t}=-\frac{1}{\rho}\left(\frac{\partial\overline{p}}{\partial X}+\frac{\partial\overline{p}}{\partial\sigma}\frac{\partial\sigma}{\partial x}\right)_{i,j,k}^{n+1}+g_X \tag{6-20}$$

$$\frac{\overline{v}_{i,j,k}^{n+1}-\overline{v}_{i,j,k}^{n+3/4}}{\Delta t}=-\frac{1}{\rho}\left(\frac{\partial\overline{p}}{\partial Y}+\frac{\partial\overline{p}}{\partial\sigma}\frac{\partial\sigma}{\partial y}\right)_{i,j,k}^{n+1}+g_Y \tag{6-21}$$

$$\frac{\overline{w}_{i,j,k}^{n+1}-\overline{w}_{i,j,k}^{n+3/4}}{\Delta t}=-\frac{1}{\rho}\left(\frac{\partial\overline{p}}{\partial\sigma}\frac{\partial\sigma}{\partial z}\right)_{i,j,k}^{n+1}+g_Z \tag{6-22}$$

$$\left(\frac{\partial\overline{u}}{\partial X}+\frac{\partial\overline{u}}{\partial\sigma}\frac{\partial\sigma}{\partial x}+\frac{\partial\overline{v}}{\partial Y}+\frac{\partial\overline{v}}{\partial\sigma}\frac{\partial\sigma}{\partial y}+\frac{\partial\overline{w}}{\partial\sigma}\frac{\partial\sigma}{\partial z}\right)_{i,j,k}^{n+1}=0 \tag{6-23}$$

对式（6-20）、式（6-21）、式（6-22）分别求导并相加得

$$\frac{\partial(6-20)}{\partial X}+\frac{\partial(6-20)}{\partial\sigma}\frac{\partial\sigma}{\partial X}+\frac{\partial(6-21)}{\partial Y}+\frac{\partial(6-21)}{\partial\sigma}\frac{\partial\sigma}{\partial Y}+\frac{\partial(6-22)}{\partial\sigma}\frac{\partial\sigma}{\partial Z}=0 \tag{6-24}$$

将其代入式（6-23）做简单代数运算，便得到如下改进的 Poisson 压力方程：

$$\begin{aligned}&\left\{\frac{\partial^2\overline{p}}{\partial X^2}+\frac{\partial^2\overline{p}}{\partial Y^2}+\frac{\partial^2\overline{p}}{\partial\sigma^2}\left[\left(\frac{\partial\sigma}{\partial x}\right)^2+\left(\frac{\partial\sigma}{\partial y}\right)^2+\left(\frac{\partial\sigma}{\partial z}\right)^2\right]\right.\\&\left.+2\left(\frac{\partial\sigma}{\partial x}\frac{\partial^2\overline{p}}{\partial x\partial\sigma}+\frac{\partial\sigma}{\partial y}\frac{\partial^2\overline{p}}{\partial y\partial\sigma}\right)+\left(\frac{\partial^2\sigma}{\partial x\partial X}+\frac{\partial^2\sigma}{\partial y\partial Y}\right)\frac{\partial\overline{p}}{\partial\sigma}\right\}_{i,j,k}^{n+1}\\&=\frac{\rho}{\Delta t}\left(\frac{\partial\overline{u}}{\partial X}+\frac{\partial\overline{u}}{\partial\sigma}\frac{\partial\sigma}{\partial x}+\frac{\partial\overline{v}}{\partial Y}+\frac{\partial\overline{v}}{\partial\sigma}\frac{\partial\sigma}{\partial y}+\frac{\partial\overline{w}}{\partial\sigma}\frac{\partial\sigma}{\partial z}\right)_{i,j,k}^{n+3/4}\end{aligned} \tag{6-25}$$

同传统的 Poisson 压力方程相比，上述压力方程增加了由坐标转换产生的附加项。对于采用交错网格而言，常规的中心差分离散就可。而对于同位网格，需要采用改进的二阶中心差分来离散上述方程，可以避免棋盘压力问题。

此压力方程可以用 SOR、G-S、ADI、GRMS 和 CGSTAB 迭代来求解，但是数值计算显示 CGSTAB 计算速度最快、内存需求小。

（3）数值稳定条件

为了数值计算稳定，方程必须满足两个稳定性条件。一个是涉及对流过程，通过 CFL 数进行约束。

$$\frac{U_i\Delta t}{\Delta x_i}\leqslant\lambda \tag{6-26}$$

式中，i=1，2，3；U_i 是最大质点速度；λ 值原则上为 1.0，为了确保计算精确度和稳定性，λ 取值低于 0.65。

另一个稳定性约束涉及扩散步骤，基于稳定性分析，必须满足如下条件

$$\frac{\Gamma_i \Delta t}{\Delta x_i^{\ 2}} \leqslant \chi \tag{6-27}$$

式中，i=1，2，3；Γ 为扩散系数；χ 通常在计算中取 1/6。

一般来说式（6-26）对最大允许时步的限制强于式（6-27）。但是对大涡模拟应用到固体壁面流动模拟来说，扩散约束条件变得非常重要。在固体壁面处，黏性作用力占主导，为此，把式（6-26）和式（6-27）耦合为如下的格式：

$$\Delta t \leqslant \frac{\chi}{\dfrac{U_i}{\Delta x_i} + \dfrac{2(\nu + \nu_t)}{\Delta x_i^{\ 2}}} \tag{6-28}$$

在时间上采用 Runge-Kutta 格式，χ 的值一般采用 0.6。

6.2.3 σ 坐标转换的连续条件

在 σ 坐标中，网格线与水平面和河床地面重合。对于有坡度较大的地形，网格线可能剧烈扭曲，导致在求解水平梯度时会出现问题。

现考虑水平压力梯度从直角坐标系转换到 σ 坐标下的水平压力：

$$\frac{\partial \tilde{p}}{\partial x} = \left(\frac{\partial p}{\partial X} + \frac{\partial p}{\partial \sigma} \frac{\partial \sigma}{\partial x} \right) \tag{6-29}$$

在梯度剧烈变化的条件下，一个较小的压力梯度可能是两个符号相反的压力梯度相互抵消的结果。若对其中单独一项取较小的截断误差，也有可能导致较大的压力梯度计算误差，从而出现“伪流动”现象。为了避免这种现象，需要一个所谓“静态连续条件”：

$$\left| \frac{\sigma}{H} \frac{\partial H}{\partial \xi^1} \right| \Delta x < \Delta \sigma \tag{6-30}$$

若不满足连续条件时，则有可能导致计算不收敛。

6.2.4 水平压力项的改进

对于坡度较大的地形，采用 σ 坐标离散后其水平压力计算的误差较大。为了减小水平压力计算的误差，采用在实际地形下有限控制体积积分受力分析方法代替 σ 坐标下离散方法来改进其水平压力项。对于交错网格，水平压力式（6-29）在实际地形下的离散公式为

$$\left(\frac{\partial \tilde{p}}{\partial x}\right)_{i,j,k} \simeq \frac{\left(\tilde{p}_{i+1,j,k+1}-\tilde{p}_{i,j,k+1}\right)\left(H_i\sigma_k-H_{i+1}\sigma_{k+1}\right)+\left(\tilde{p}_{i,j,k}-\tilde{p}_{i+1,j,k+1}\right)\left(H_i\sigma_{k+1}-H_{i+1}\sigma_k\right)}{\Delta x_i\left[\left(\tilde{p}_{i+1,j,k+1}-\tilde{p}_{i,j,k+1}\right)+\left(\tilde{p}_{i,j,k}-\tilde{p}_{i+1,j,k+1}\right)\right]} \tag{6-31}$$

或

$$\left(\frac{\partial \tilde{p}}{\partial x}\right)_{i,j,k} \simeq \frac{\left(\tilde{p}_{i+1,j,k}-\tilde{p}_{i,j,k+1}\right)\left(H_{i+1}\sigma_{k+1}-H_i\sigma_k\right)-\left(\tilde{p}_{i,j,k}-\tilde{p}_{i+1,j,k+1}\right)\left(H_i\sigma_{k+1}-H_{i+1}\sigma_k\right)}{\Delta x_i\left(H_{i+1}\sigma_{k+1}+H_i\sigma_{k+1}-H_i\sigma_k-H_{i+1}\sigma_k\right)} \tag{6-32}$$

同样，可以得出在同位网格下水平压力在实际地形下的离散公式。

6.2.5　改进的分步算法

由于经典分步算法在时间精度是一阶精度，为了获得其在时间方向上二阶精度，采用 Gottlieb 等人在 2001 年提出的两阶段二阶精度非线性强稳定守恒 Runge-Kutta 格式。第一阶段的中间速度 $\overline{u}_i^1$ 通过以下方式估计

$$\frac{\overline{u}_i^* - \overline{u}_i^n}{\Delta t} = A(\overline{u}_i^n) + D(\overline{u}_i^n) + S(\overline{u}_i^n) \tag{6-33}$$

$$\frac{\overline{u}_i^1 - \overline{u}_i^*}{\Delta t} = (1-\varphi)P(\overline{u}_i^1) + \varphi P(\overline{u}_i^n) \tag{6-34}$$

式中，$\overline{u}_i^*$ 为分步算法的中间速度值，采用典型的分步算法获得；$\overline{u}_i^1$ 为第一阶段的最终速度值；$A(\overline{u}_i^n)$ 为对流项；$D(\overline{u}_i^n)$ 为扩散项；$S(\overline{u}_i^n)$ 为源项和 $P(\overline{u}_i^n)$ 为压力项；φ 为加权权重。

第二阶段中间速度继续求解过程同第一阶段一样，最后利用 Runge-Kutta 算法，得出最后 n+1 时刻的最终速度值。

$$\frac{\overline{u}_i^* - \overline{u}_i^n}{\Delta t} = A(\overline{u}_i^n) + D(\overline{u}_i^n) + S(\overline{u}_i^n) \tag{6-35}$$

$$\frac{\overline{u}_i^2 - \overline{u}_i^*}{\Delta t} = (1-\varphi)P(\overline{u}_i^2) + \varphi P(\overline{u}_i^1) \tag{6-36}$$

$$\overline{u}_i^{n+1} = 0.5(\overline{u}_i^n + \overline{u}_i^2) \tag{6-37}$$

6.2.6 三层σ坐标转换

在单层σ坐标下，整个计算区域的网格会随着自由水面波动而波动，难以固定计算区域内部点位置。利用单层σ坐标的概念，可以把单层σ坐标推广到多层σ坐标中。对大多数的水流问题来说，三层σ坐标即可，例如排污口以射流形式的排放，如图 6-3 所示。

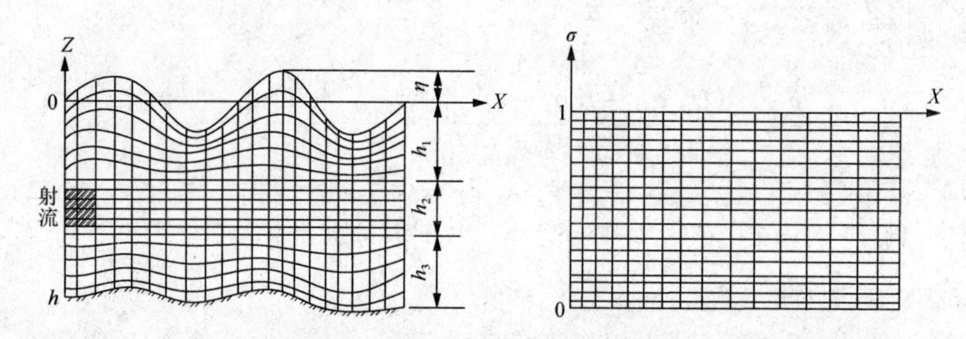

图 6-3 利用多层σ坐标物理区域（左）向计算区域转化（右）示意图

把整个水深h分为三个子水深，即h_1、h_2和h_3，但$h_1+h_2+h_3=h$。定义σ坐标转换公式如下：

$$\sigma=\begin{cases} l_3+l_2+l_1\left(\dfrac{h_1(x,y)+z}{h_1(x,y)+\eta(x,y)}\right) & -h_1(x,y)\leqslant z\leqslant\eta(x,y) \\ l_3+l_2\left(\dfrac{h_1(x,y)+h_2(x,y)+z}{h_2(x,y)}\right) & -h_1(x,y)-h_2(x,y)\leqslant z<-h_1(x,y) \\ l_3\left(\dfrac{z+h(x,y)}{h_3(x,y)}\right) & -h(x,y)\leqslant z<-h_1(x,y)-h_2(x,y) \end{cases} \tag{6-38}$$

式中，l_1、l_2和l_3为加权系数，但$l_1+l_2+l_3=1$。

本书l_n定义为$l_n=N_n/N_t(n=1,2,3,\cdots)$，其中，$N_n$为垂向第 n 层的网格数，N_t为垂向总的网格数。在程序中可以人为地调整l_n的大小来控制垂向网格的疏密。当h_2和h_3为 0 时，多层σ坐标就转化为单层σ坐标。根据实际情况，可以选取不同层数下的σ坐标来计算。

根据微分法则得到如下的关系：

$$\frac{\partial \xi^3}{\partial \xi^0}=\frac{\partial \sigma}{\partial t}$$

$$=\begin{cases}-\dfrac{\sigma-l_2-l_1}{h_1+\eta}\dfrac{\partial(h_1+\eta)}{\partial t} & -h_1(x,y)\leqslant z\leqslant \eta(x,y) \quad l_2+l_3\leqslant\sigma\leqslant 1\\ 0 & -h_1(x,y)-h_2(x,y)\leqslant z<-h_1(x,y) \quad l_3\leqslant\sigma<l_2+l_3\\ 0 & -h(x,y)\leqslant z<-h_1(x,y)-h_2(x,y) \quad 0\leqslant\sigma<l_3\end{cases} \tag{6-39}$$

$$\frac{\partial \xi^3}{\partial x_1}=\frac{\partial \sigma}{\partial x}$$

$$=\begin{cases}\dfrac{l_1}{h_1+\eta}\dfrac{\partial h_1}{\partial X}-\dfrac{\sigma-l_2-l_1}{h_1+\eta}\dfrac{\partial(h_1+\eta)}{\partial X} & -h_1(x,y)\leqslant z\leqslant \eta(x,y) \quad l_2+l_3\leqslant\sigma\leqslant 1\\ \dfrac{l_2}{h_2}\dfrac{\partial h_1}{\partial X}-\dfrac{\sigma-l_2-l_1}{h_2}\dfrac{\partial h_2}{\partial X} & -h_1(x,y)-h_2(x,y)\leqslant z<-h_1(x,y) \quad l_3\leqslant\sigma<l_2+l_3\\ \dfrac{l_3}{h_3}\left(\dfrac{\partial h_1}{\partial X}+\dfrac{\partial h_3}{\partial X}\right)-\dfrac{\sigma-l_3}{h_3}\dfrac{\partial h_3}{\partial X} & -h(x,y)\leqslant z<-h_1(x,y)-h_2(x,y) \quad 0\leqslant\sigma<l_3\end{cases} \tag{6-40}$$

$$\frac{\partial \xi^3}{\partial x_2}=\frac{\partial \sigma}{\partial y}$$

$$=\begin{cases}\dfrac{l_1}{h_1+\eta}\dfrac{\partial h_1}{\partial Y}-\dfrac{\sigma-l_2-l_1}{h_1+\eta}\dfrac{\partial(h_1+\eta)}{\partial Y} & -h_1(x,y)\leqslant z\leqslant \eta(x,y) \quad l_2+l_3\leqslant\sigma\leqslant 1\\ \dfrac{l_2}{h_2}\dfrac{\partial h_1}{\partial Y}-\dfrac{\sigma-l_2-l_1}{h_2}\dfrac{\partial h_2}{\partial Y} & -h_1(x,y)-h_2(x,y)\leqslant z<-h_1(x,y) \quad l_3\leqslant\sigma<l_2+l_3\\ \dfrac{l_3}{h_3}\left(\dfrac{\partial h_1}{\partial Y}+\dfrac{\partial h_3}{\partial Y}\right)-\dfrac{\sigma-l_3}{h_3}\dfrac{\partial h_3}{\partial Y} & -h(x,y)\leqslant z<-h_1(x,y)-h_2(x,y) \quad 0\leqslant\sigma<l_3\end{cases} \tag{6-41}$$

$$\frac{\partial \xi^3}{\partial x_3}=\frac{\partial \sigma}{\partial z}=\begin{cases}\dfrac{l_1}{h_1+\eta} & -h_1(x,y)\leqslant z\leqslant \eta(x,y) \quad l_2+l_3\leqslant\sigma\leqslant 1\\ \dfrac{l_2}{h_2} & -h_1(x,y)-h_2(x,y)\leqslant z<-h_1(x,y) \quad l_3\leqslant\sigma<l_2+l_3\\ \dfrac{l_3}{h_3} & -h(x,y)\leqslant z<-h_1(x,y)-h_2(x,y) \quad 0\leqslant\sigma<l_3\end{cases} \tag{6-42}$$

6.3 非静压水动力控制方程压力项离散

对于非静压水动力控制方程同样可以采用上述的分步算法求解，在求解压力项时需要包含静压力项，N-S 控制方程中压力求解项进一步转化为时间项带有θ格式静止压力项和动压项，具体为

$$\frac{\overline{u}_{i,j,k}^{n+1}-\overline{u}_{i,j,k}^{n+3/4}}{\Delta t}=-\frac{1}{\rho}\left(\frac{\partial\overline{p}_d}{\partial X}+\frac{\partial\overline{p}_d}{\partial\sigma}\frac{\partial\sigma}{\partial x}\right)_{i,j,k}^{n+1}+(1-\theta)g\frac{\partial\eta}{\partial X}_{i,j}^{n+1}+\theta g\frac{\partial\eta}{\partial X}_{i,j}^{n} \tag{6-43}$$

$$\frac{\overline{v}_{i,j,k}^{n+1}-\overline{v}_{i,j,k}^{n+3/4}}{\Delta t}=-\frac{1}{\rho}\left(\frac{\partial\overline{p}_d}{\partial Y}+\frac{\partial\overline{p}_d}{\partial\sigma}\frac{\partial\sigma}{\partial y}\right)_{i,j,k}^{n+1}+(1-\theta)g\frac{\partial\eta}{\partial Y}_{i,j}^{n+1}+\theta g\frac{\partial\eta}{\partial Y}_{i,j}^{n} \tag{6-44}$$

$$\frac{\overline{w}_{i,j,k}^{n+1}-\overline{w}_{i,j,k}^{n+3/4}}{\Delta t}=-\frac{1}{\rho}\left(\frac{\partial\overline{p}_d}{\partial\sigma}\frac{\partial\sigma}{\partial z}\right)_{i,j,k}^{n+1} \tag{6-45}$$

同样，将上述方程代入到连续方程中得出 Poisson 压力方程：

$$\begin{aligned}&\left\{\frac{\partial^2\overline{p}}{\partial X^2}+\frac{\partial^2\overline{p}}{\partial Y^2}+\frac{\partial^2\overline{p}}{\partial\sigma^2}\left[\left(\frac{\partial\sigma}{\partial x}\right)^2+\left(\frac{\partial\sigma}{\partial y}\right)^2+\left(\frac{\partial\sigma}{\partial z}\right)^2\right]\right.\\&\left.+2\left(\frac{\partial\sigma}{\partial x}\frac{\partial^2\overline{p}}{\partial x\partial\sigma}+\frac{\partial\sigma}{\partial y}\frac{\partial^2\overline{p}}{\partial y\partial\sigma}\right)+\left(\frac{\partial^2\sigma}{\partial x\partial X}+\frac{\partial^2\sigma}{\partial y\partial Y}\right)\frac{\partial\overline{p}}{\partial\sigma}\right\}_{i,j,k}^{n+1}\\&=\frac{\rho}{\Delta t}\left(\frac{\partial\overline{u}}{\partial X}+\frac{\partial\overline{u}}{\partial\sigma}\frac{\partial\sigma}{\partial x}+\frac{\partial\overline{v}}{\partial Y}+\frac{\partial\overline{v}}{\partial\sigma}\frac{\partial\sigma}{\partial y}+\frac{\partial\overline{w}}{\partial\sigma}\frac{\partial\sigma}{\partial z}\right)_{i,j,k}^{n+3/4}\\&+(1-\theta)\rho\,\mathrm{g}\left(\frac{\partial^2\eta}{\partial X^2}+\frac{\partial^2\eta}{\partial Y^2}\right)_{i,j}^{n+1}+\theta\rho\,\mathrm{g}\left(\frac{\partial^2\eta}{\partial X^2}+\frac{\partial^2\eta}{\partial Y^2}\right)_{i,j}^{n}\end{aligned} \tag{6-46}$$

数值计算显示θ无限靠近 0.5 但是要小于 0.5 的值。

6.4 污染物控制方程离散

为了方便，以污染物对流和扩散方程为例，给出分步算法计算过程。其他控制方程与其类似。下面给出污染物控制方程的计算步骤。

（1）对流项

$$\frac{\overline{C}^{n+1/3}-\overline{C}^{n}}{\Delta t}+\left(\overline{u}\frac{\partial\overline{C}}{\partial X}+\overline{v}\frac{\partial\overline{C}}{\partial Y}+\overline{\omega}\frac{\partial\overline{C}}{\partial\sigma}\right)_{i,j,k}^{n}=0 \tag{6-47}$$

（2）扩散项

$$\frac{\overline{C}^{n+2/3}-\overline{C}^{n+1/3}}{\Delta t}=\left(\frac{\partial\overline{C}}{\partial X}+\frac{\partial\overline{C}}{\partial\sigma}\frac{\partial\sigma}{\partial x}+\frac{\partial\overline{C}}{\partial Y}+\frac{\partial\overline{C}}{\partial\sigma}\frac{\partial\sigma}{\partial y}+\frac{\partial\overline{C}}{\partial\sigma}\frac{\partial\sigma}{\partial z}\right)_{i,j,k}^{n+1/3} \tag{6-48}$$

（3）源汇项

$$\frac{\overline{C}^{n+1}-\overline{C}^{n+2/3}}{\Delta t}=\left(S_C\right)_{i,j,k}^{n+2/3} \tag{6-49}$$

数值计算格式同动量方程一样，对流项采用二次向后特征线法和 Lax-Wendroff 格式耦合法，扩散项采用中心差分。时间格式采用两阶段二阶精度非线性强稳定守恒 Runge-Kutta 格式。

6.5　数值模拟的边界条件

对于明渠水流，边界条件包括入流边界、出流边界、自由表面边界和固体壁面等几类边界。

6.5.1　入流边界条件

入流边界条件，常采用实测值或采用雷诺方程的计算结果给出。但是用大涡模拟进行非稳定计算时，在入口边界处需要赋给变动的值来处理湍流的脉动。这个问题的处理是进行大涡模拟计算时最困难的问题之一。最近，有很多关于大涡模拟计算的入流边界扰动设定方法的研究，如：①数字滤波法（digital filter based method）；②人工湍流法（synthesized turbulence method）；③人工涡法（synthetic eddy method）等。通过比较作者发现，采用人工涡法较简单而且生成的湍流脉动速度较好，下面给出人工涡法的方法算法。人工涡法假定湍流有一系列拟序涡组成，其大涡模拟入口计算节点的脉动速度由以下公式计算：

$$u_i'=a_{i,j}\frac{1}{\sqrt{N_e}}\sum_{\pi=1}^{N_e}\varepsilon_{\pi,j}f_j\left(\vec{x}-\vec{x}_\pi\right) \tag{6-50}$$

其中，$f_j\left(\vec{x}-\vec{x}_\pi\right)=\sqrt{\mathrm{V_B}}\,\mathrm{\pi}^{-3}f\left(\dfrac{x_1-x_1^k}{\mathrm{\pi}}\right)f\left(\dfrac{x_2-x_2^k}{\mathrm{\pi}}\right)f\left(\dfrac{x_3-x_3^k}{\mathrm{\pi}}\right)$；

$$f\left(x\right)=\begin{cases}\sqrt{1.5}\left(1-\left|\chi\right|\right) & \chi<1\\ 0 & 其他\end{cases}；$$

$$\pi=\max\left(v_t/c_u,\varLambda\right)\quad \varLambda=\max\left(\Delta x,\Delta y,\Delta z\right)。$$

式中，u_i' 为脉动速度；$\vec{x}_\pi$ 为涡的位置；$\mathrm{V_B}$ 为体积；$\varepsilon_{\pi,j}$ 为 j 方向涡斑 π 的符号，

随机取值+1 或者 −1；N_e 为涡的总数；$a_{i,j}$ 为 Reynolds 应力，采用 Cholesky 分解，即

$$a_{i,j}=\begin{pmatrix}\sqrt{\tau_{11}} & 0 & 0\\ \tau_{21}/a_{21} & \sqrt{\tau_{22}-a_{22}^2} & 0\\ \tau_{31}/a_{31} & \left(\tau_{32}-a_{21}a_{31}\right)/a_{22} & \sqrt{\tau_{33}-a_{31}^2-a_{32}^2}\end{pmatrix} \tag{6-51}$$

假定这些涡以入口速度 U_0 流动，在每个计算步长后，这些涡到达新的位置为 $x_\pi(t+\mathrm{d}t)=x_\pi(t)+U_0\mathrm{d}t$。一旦这些涡流出原先涡盒范围外，需重新在进口边界面随机安排它们位置。

上述采用 SEM 方法的脉动速度在时间上是无相关的，不满足流体物理特性。利用湍流自相关特性，把脉动速度写成如下：

$$\left(u_i'\right)^n=\lambda_1\left(u_i'\right)^n+\lambda_2\left(u_i'\right)^{n-1} \tag{6-52}$$

式中，n 为当前时刻，$n-1$ 是上一时刻；$\lambda_2=\exp(-\Delta t/T_{\text{int}})$；$\lambda_1=\left(1-{\lambda_2}^2\right)^{0.5}$；$\Delta t$ 为计算时间步长和 T_{int} 为积分时间尺度。

附录 A 给出了在时间相关性的 SEM 方法的 Fortran 子程序供参考。

水位可以有两种边界：一种是给定入口水位变化，另外一种无法给出入口水位变化，可以采用由内部外推到入口处水位。对于第二种情况，水位采用对流边界，即

$$\frac{\partial\eta}{\partial t}=-U_c\frac{\partial\eta}{\partial x}；\ U_c=\sqrt{gH} \tag{6-53}$$

6.5.2 出流边界条件

在常规数值模拟中，出口边界大多采用梯度在出口法线方向为零的条件。但是，大涡模拟采用零梯度边界条件将会产生反射，为此采用以下对流型的条件

$$\frac{\partial\phi}{\partial t}+U_c\frac{\partial\phi}{\partial n}=0 \tag{6-54}$$

式中，$\phi=\eta$ 或 $\overline{u}_i$。当 $\phi=\eta$，$U_c=\sqrt{gh}$；当 $\phi=\overline{u}_i$，U_c 为出口处的速度。

6.5.3 自由表面边界条件

对明渠水流数值模拟，需要解决自由表面问题。现在已经发展了许多自由表面追踪方法，这些方法可以大致有以下两大类。

（1）界面追踪法

界面追踪法（interface tracing method）在追踪自由表面时需要自由表面网格在每求解时步都要移动。这类方法可以精确地追踪自由表面。需要显式的差分格式，因此计算时间步长较小。

（2）界面捕捉法

界面捕捉法（interface capturing method）在捕捉自由表面时无须移动网格。自由表面形状通过网格中液体的体积所占整个单元网格比重来捕捉。这是一种不太精确的自由表面捕捉方法。要想捕捉更精确的自由表面形状，需要在自由表面布置大量的精细的网格，如 MAC，VOF、Level Set 等。

对于明渠水流而言，可以采用编程简单的界面追踪法处理自由表面。把自由表面线性化为一个标高函数为

$$Z=\eta(X,Y,t) \tag{6-55}$$

该标高函数满足运动和动力条件，可以简化为

$$\frac{\partial\eta}{\partial t}=\overline{w}-\overline{u}\frac{\partial\eta}{\partial X}-\overline{v}\frac{\partial\eta}{\partial Y} \tag{6-56}$$

目前有许多成熟的数值格式可求解这个纯粹的对流方程，例如，TVD 格式、Lax-Wendroff 格式等。

采用 Lagrange-Euler 法求解此方程，下面给出具体的 Lagrange-Euler 算法。

假定在 t_n 时刻，粒子位于节点 (X,Y)，在下一个时刻（t_{n+1}），粒子位于 (X_i,Y_j) 可以通过求解下面的 Lagrange 方程

$$X_i-X=\int_{t_n}^{t_{n+1}}\overline{u}(X(t),t)\mathrm{d}t\approx\overline{u}\left(X(t_\theta),Y(t_\theta)\right)\Delta t \tag{6-57}$$

$$Y_i-Y=\int_{t_n}^{t_{n+1}}\overline{v}(X(t),t)\mathrm{d}t\approx\overline{v}\left(X(t_\theta),Y(t_\theta)\right)\Delta t \tag{6-58}$$

式中，时间步长 $\Delta t=t_{n+1}-t_n$；中间时刻 $t_\theta=t_n+\theta\Delta t$，$\theta$ 为权重，通常取值为 0.5～1 之间。数值计算表明采用 0.5 时，会产生局部不稳定；采用 1 时，即全隐格式，自由表面捕捉的精度不高。

把方程（6-57）和方程（6-58）采用 Taylor 级数展开，得

$$X_i-X=\left(\overline{u}_{i,j}^{n+1}-\theta\left(\frac{\partial\overline{u}}{\partial X}\right)_{i,j}^{n+1}(X_i-X)-\theta\left(\frac{\partial\overline{u}}{\partial Y}\right)_{i,j}^{n+1}(Y_i-Y)-\theta\left(\frac{\partial\overline{u}}{\partial t}\right)_{i,j}^{n+1}\Delta t\right)\Delta t \tag{6-59}$$

$$Y_j-Y=\left(\overline{v}_{i,j}^{n+1}-\theta\left(\frac{\partial\overline{v}}{\partial X}\right)_{i,j}^{n+1}(X_i-X)-\theta\left(\frac{\partial\overline{v}}{\partial Y}\right)_{i,j}^{n+1}(Y_i-Y)-\theta\left(\frac{\partial\overline{v}}{\partial t}\right)_{i,j}^{n+1}\Delta t\right)\Delta t \tag{6-60}$$

式中，空间求导采用中心差分；时间求导采用前差。

对这个方程时间的积分的方法更新自由表面标点的位置，再次利用 Langrange 离散式（6-56），便可得到 n+1 时刻自由表面更新位置的方程如下：

$$\eta_{i,j}^{n+1}=\eta_{i,j}^{n}+\left(\overline{w}_{i,j}^{n+1}-\theta\left(\frac{\partial\overline{w}}{\partial X}\right)_{i,j}^{n+1}\left(X_i-X\right)-\theta\left(\frac{\partial\overline{w}}{\partial Y}\right)_{i,j}^{n+1}\left(Y_i-X\right)-\theta\left(\frac{\partial\overline{u}}{\partial t}\right)_{i,j}^{n+1}\Delta t\right)\Delta t \quad (6\text{-}61)$$

若忽略风引起的切应力的作用，自由表面的速度、压力及浓度场分别采用 $\partial\varphi/\partial\sigma=0,\varphi=\overline{u},\overline{v},\overline{w}$，$p=0$ 条件求解。

对于由风引起的切应力，在水表面的切应力大小为

$$\nu\frac{\partial\vec{u}_s}{\partial n}=\frac{\rho_{\text{air}}}{\rho}a_{\text{wind}}\vec{w}\|\vec{w}\| \quad (6\text{-}62)$$

式中，$\vec{u}_s$ 为水体的自由表面速度大小；$\vec{w}$ 为水体 10m 高处的风速大小；ρ_{air} 为空气的密度；a_{wind} 为量纲一系数，取值为

$$a_{\text{wind}}=\begin{cases}0.565\times10^{-3} & \|\vec{w}\|\leqslant 5\text{ m/s}\\ \left(-0.12+0.137\|\vec{w}\|\right)\times10^{-3} & 5\text{ m/s}<\|\vec{w}\|\leqslant 19.22\text{ m/s}\\ 2.513\times10^{-3} & \|\vec{w}\|>19.22\text{ m/s}\end{cases} \quad (6\text{-}63)$$

6.5.4 固体壁面边界条件

N-S 方程固体壁面边界采用不可滑移边界条件，即

$$\overline{u}=\overline{v}=\overline{w}=0；\ \frac{\partial p}{\partial\sigma}=\rho Dg_z \quad (6\text{-}64)$$

对于非静压水动力方程，其动压采用零梯度边界。

对于大涡模拟模型而言，采用时均速度的对数型壁面函数不能使用，为此采用由 Werner-Wengler 提出的瞬时壁面函数方法。此方法为第一个内计算节点切应力为

$$\left|\tau_{ub}\right|=\frac{2\mu\left|\overline{u}_p\right|}{\Delta n}\left|\overline{u}_p\right|\leqslant\frac{\mu}{2\rho\Delta n}A^{2/(1-B)};$$

$$\left|\tau_{ub}\right|=\rho\left[\frac{1-B}{2}A^{\left[(1+B)/(1-B)\right]}\left(\frac{\mu}{\rho\Delta n}\right)^{1+B}+\frac{1+B}{A}\times\left(\frac{\mu}{\rho\Delta n}\right)^{B}\left|\overline{u}_p\right|\right]^{2/(1+B)}\quad\left|\overline{u}_p\right|>\frac{\mu}{2\rho\Delta n}A^{2/(1-B)} \quad (6\text{-}65)$$

式中，A=8.3；B=1/7；τ_{ub} 为壁面切应力；$\overline{u}_p$ 为第一个内计算节点速度；Δn 为到壁面的距离；μ 为流体的动黏性系数。

6.5.5 动边界的处理方法

为了能使 σ 坐标实用于河岸滩位置随着水位的变化而移动，采用干湿网格法。当网格中水位低于临界值时不参与计算；反之，当网格中水位高于临界值时参与

计算。干湿网格通过总水深 D 来判断：如果总水深 D 大于最小水深 $D_{\min}$，湿网格用 $mask(i,j)=1$；反之，总水深 D 小于最小水深 $D_{\min}$，湿网格用 $mask(i,j)=0$。在干网格中自由表面波高 η 为 $D_{\min}-h$（i，j）。对干网格四周都是湿网格时 $mask(i,j)$重新按照下面来计算：

$$\left.\begin{aligned} mask(i,j)=1, &\quad if\ \eta(i,j)\leqslant neighbor \\ mask(i,j)=0, &\quad if\ \eta(i,j)>neighbor \end{aligned}\right\} \tag{6-66}$$

附录 B 中给出了干湿网格法 Fortran 语言子程序，供参考。

6.5.6　污染物边界条件

入口、出口边界采用对流型边界，其他类型边界均采用零梯度边界。

6.5.7　S-A 模型边界条件

对于 S-A 模型，入口边界给定 $\tilde{v}_t=v$；对于光滑固体壁面上 $\tilde{v}_t=0$，但对粗糙壁面，$\dfrac{\partial \tilde{v}_t}{\partial n}=\dfrac{\tilde{v}_{t\text{wall}}}{0.03k_s}$ 的边界条件代替 $\tilde{v}_t=0$；自由表面上采用零梯度边界或者 $\tilde{v}_t=0.005\Omega h^2$（具体推导过程见附录 C）；出口采用对流型边界。

6.5.8　拉格朗日模型边界条件

入口、进口边界均采用出流边界，在固体壁面和自由表面均采用反射边界。

第7章 模型的应用和工程实例

本章对大涡模拟在常见的明渠水流典型流动的应用进行简单介绍，包括：沙丘地形明渠水流流动、波浪在障碍物中变形数值模拟、淹没刚性植被的明渠水流流动、含柔性植被的明渠水流流动、污染物在刚性植被的明渠水流中迁移、河流凹洼处芦苇植被对凹洼处流场的影响、菖蒲植被生长期间对河流水流流速的影响等。

7.1 沙丘地形明渠水流流动

7.1.1 计算参数

自然河流中沙丘形状非常常见，沙丘地形内水流流态非常复杂，存在分离流动现象，这种分离流也是考核湍流模型的重要算例。选取 Ojha 和 Mazumder 提供的试验数据进行验证和对比。试验水槽长 10m、宽 0.5m、高 0.5m。沙波数为 12 个，平均波长 L=32cm，平均波高 H_d =3cm，波陡 H_d / L =0.094。沙波的迎面角度为 6°，背面角度为 50°，如图 7-1（a）所示。试验水深 H=0.3m，流量为 0.04 m^3/s，采用 ADV 测量速度，雷诺数 $Re = UH / \nu = 1.5\times10^5$，弗里德数 $Fr = U / \sqrt{gH} = 0.29$。采用非均匀网格进行划分，如图 7-1（b）所示，模型采用基于拟序结构动力滤波型模型。

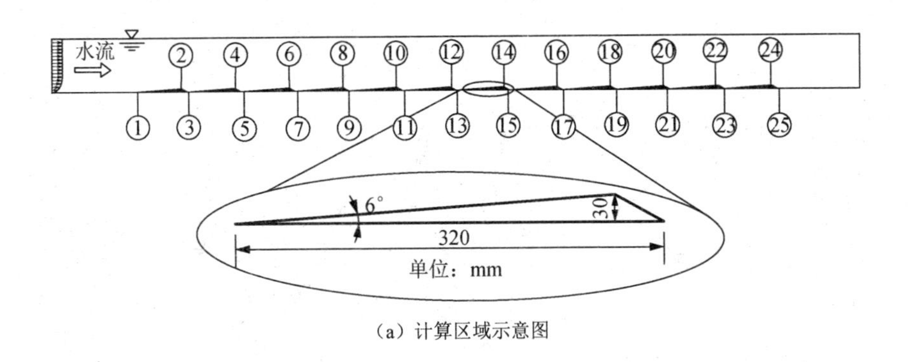

（a）计算区域示意图

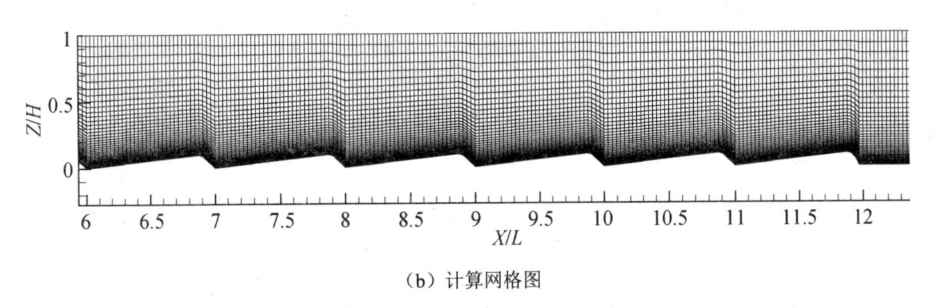

（b）计算网格图

图 7-1　计算区域与 Ojha 和 Mazumder 实验中沙波形状

7.1.2　数值模拟结果

图 7-2 为不同沙波波峰和波谷处计算流向速度值和实验值对比图，图 7-3 为不同沙波波峰和波谷处计算垂向速度值和实验值对比图。两者对比可知，数值模拟计算值同试验结果吻合良好。试验显示水流流态大约在第 7 个沙波后达到稳定状态，而所计算得到的结果同样如此，如图 7-4 雷诺应力分布图所示。图 7-5 显示为第 9 至第 10 个沙波之间试验流场和计算流场对比图。由图可知，两者的水流流场形态一致，LES 能准确地模拟出沙丘后面的涡旋运动。图 7-6 显示为采用基于拟序结构动力滤波型模型的 C_s 系数在空间变化分布图。采用动力滤波型方法可以让计算模型系数在空间变化光滑，使计算稳定。

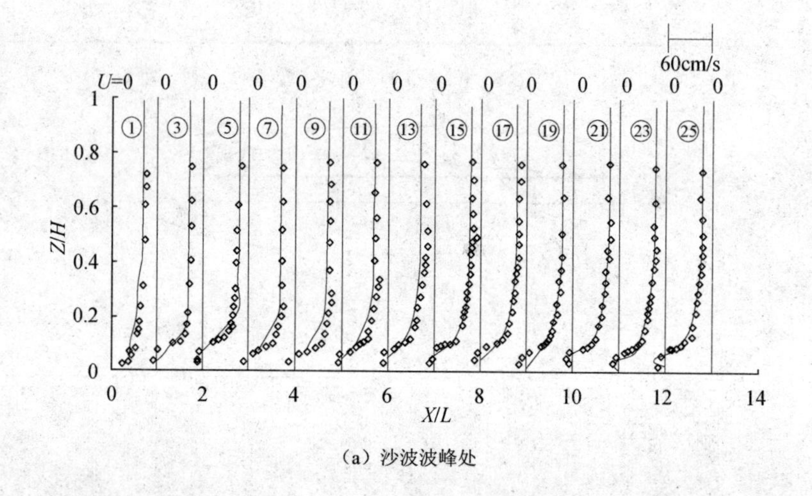

（a）沙波波峰处

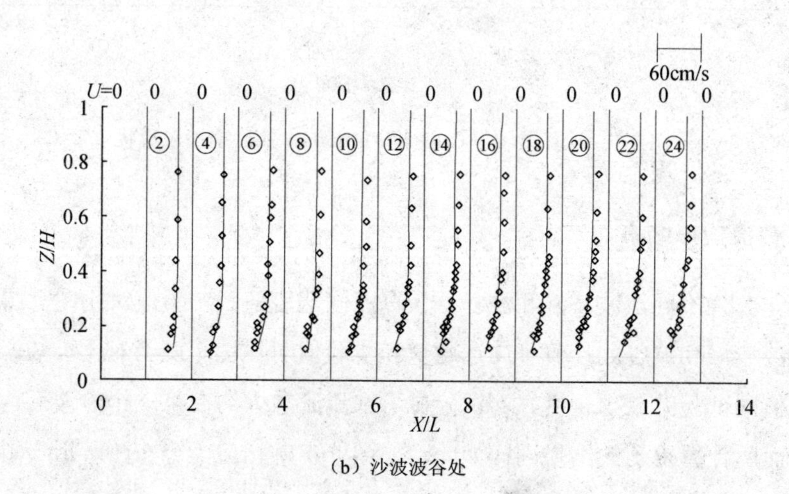

（b）沙波波谷处

图 7-2　流向速度大小分布图

注：实线为计算值，点为实验值

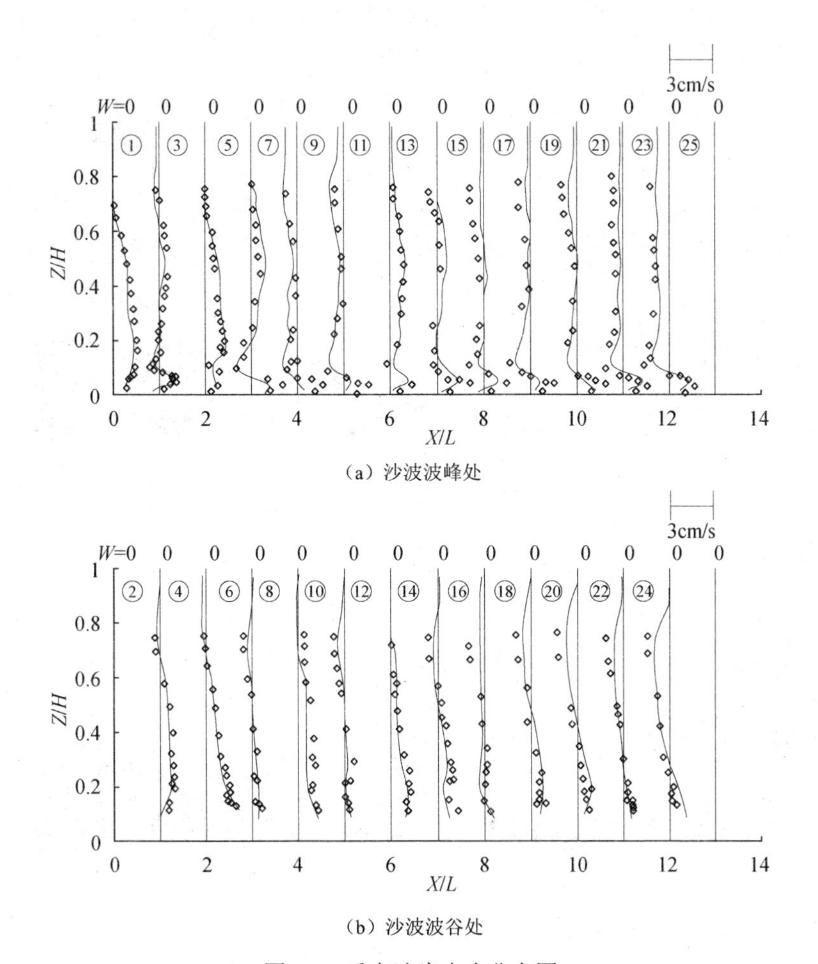

图 7-3　垂向速度大小分布图

注：实线为计算值，点为实验值

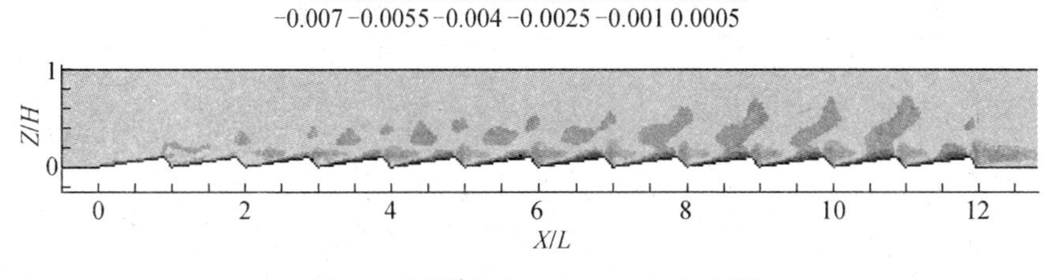

图 7-4　雷诺应力（$-\rho u'w'$）分布图

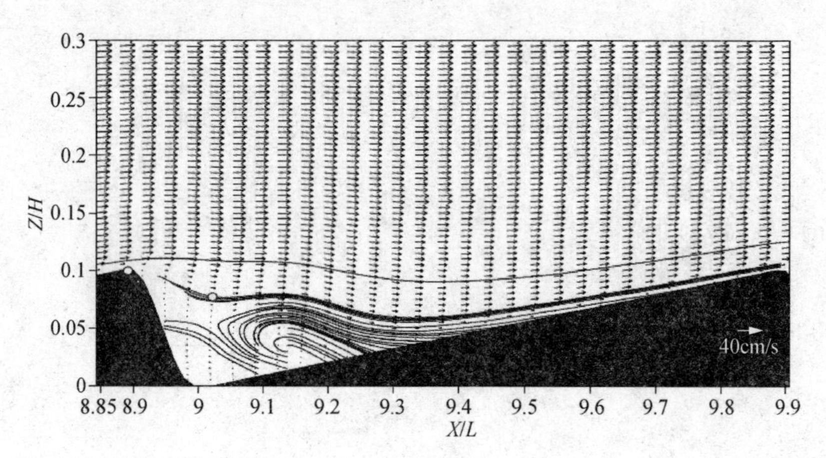

（a）实验结果

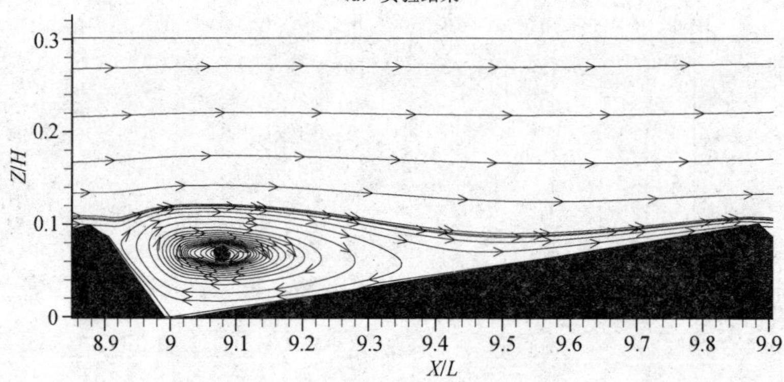

（b）计算结果

图 7-5　第 9 至第 10 沙波之间流线图

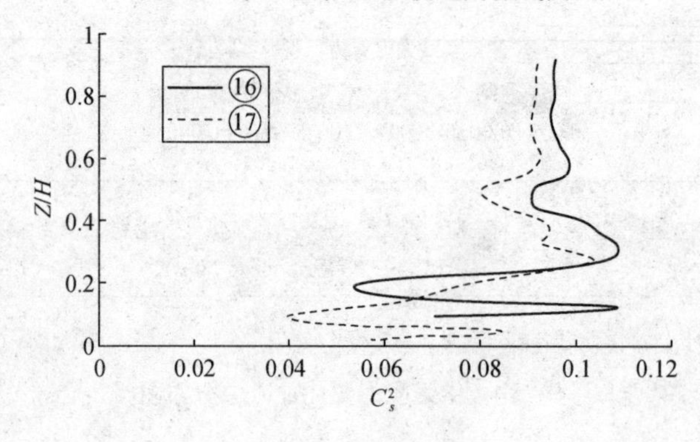

图 7-6　系数 C_s^2 空间变化

7.2　波浪在障碍物中变形数值模拟

7.2.1　计算参数

波浪在水下浅坝的变形传递过程一直是水利工程师面对的问题之一。选取 Ohyama 等（1995）的实验资料进行验证和对比。实验在长 65m、宽 1.0m、高 1.6m 的室内水槽进行，水槽一端采用活塞型造波机造波浪，另一端采用粗材料吸收波能防止其反射。水下浅坝宽 1.5m，其中心距离活塞型造波机 18.3m，如图 7-7 所示。选取实验中规则波两组工况进行数值模拟验证和对比，实验工况如表 7-1 所示。网格采用非均匀网格划分，如图 7-8 所示。模型采用基于 S-A 的 DDES 模型。

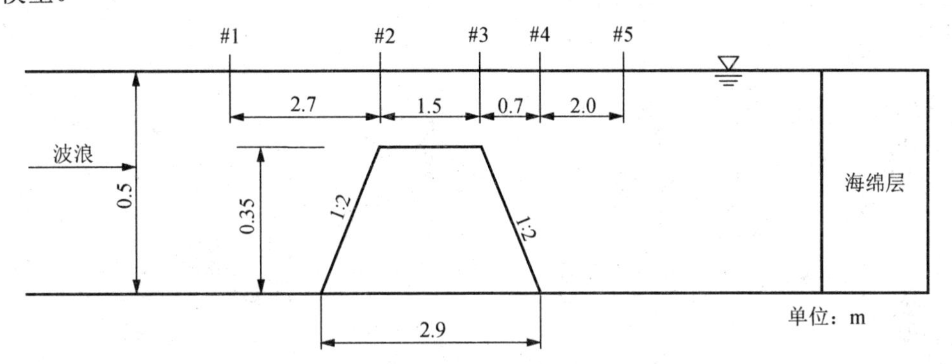

图 7-7　水下梯形浅坝和测量波高位置图

表 7-1　数值模拟计算工况

工况	波周期/s	波高/m	水深/m	Ursell 数
工况 A	1.34	0.025	0.5	21.6
工况 B	2.68	0.05	0.5	108.7

7.2.2　数值模拟结果

图 7-9 为采用 DDES 模型数值模拟两组工况下在点 3 和点 5 与实验值对比图。从图中可知，数值模拟成果和实验值吻合一致，能反映出波浪经过水下浅坝时发生的波浪变形。图 7-10 为工况 A 不同时刻下波浪在经过水下浅坝过程中的速度分量分布图。从图中速度分量变化可知，DDES 模型当波浪在遇到浅水区域时，由于非线性自由表面效应而引起的短超自由波现象，模型能够较好地模拟出波浪在遇到浅水堤坝波浪变形。

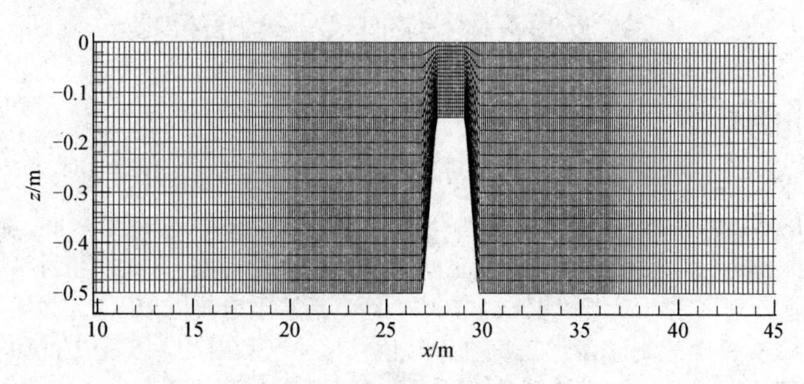

图 7-8　梯形浅坝处的网格划分

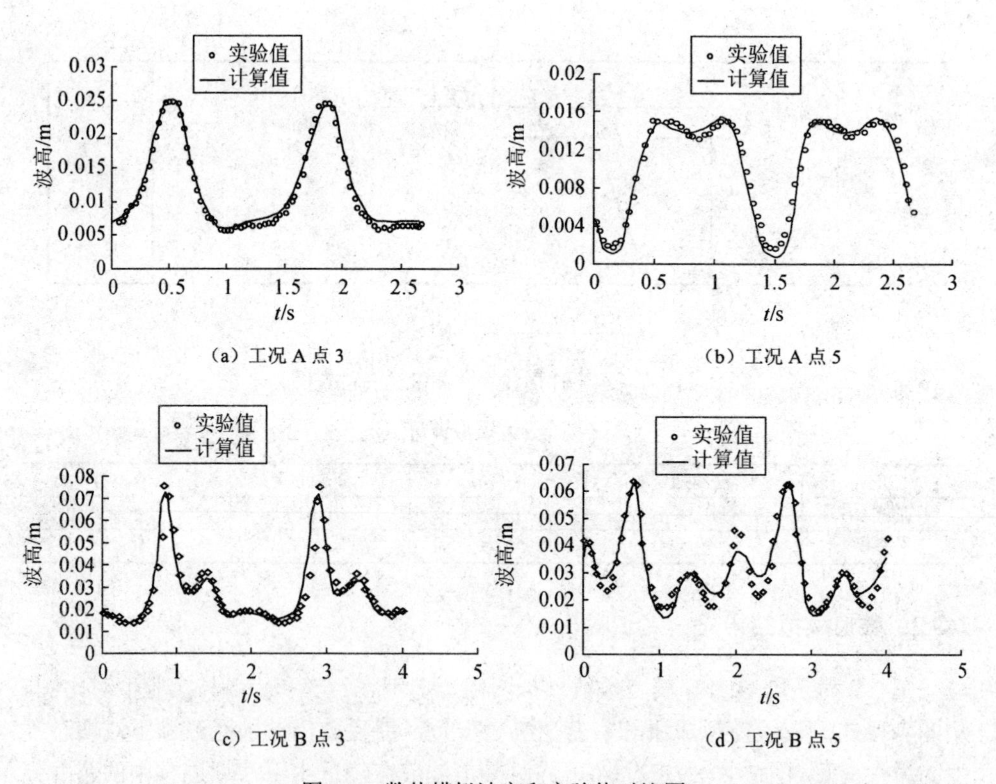

图 7-9　数值模拟波高和实验值对比图

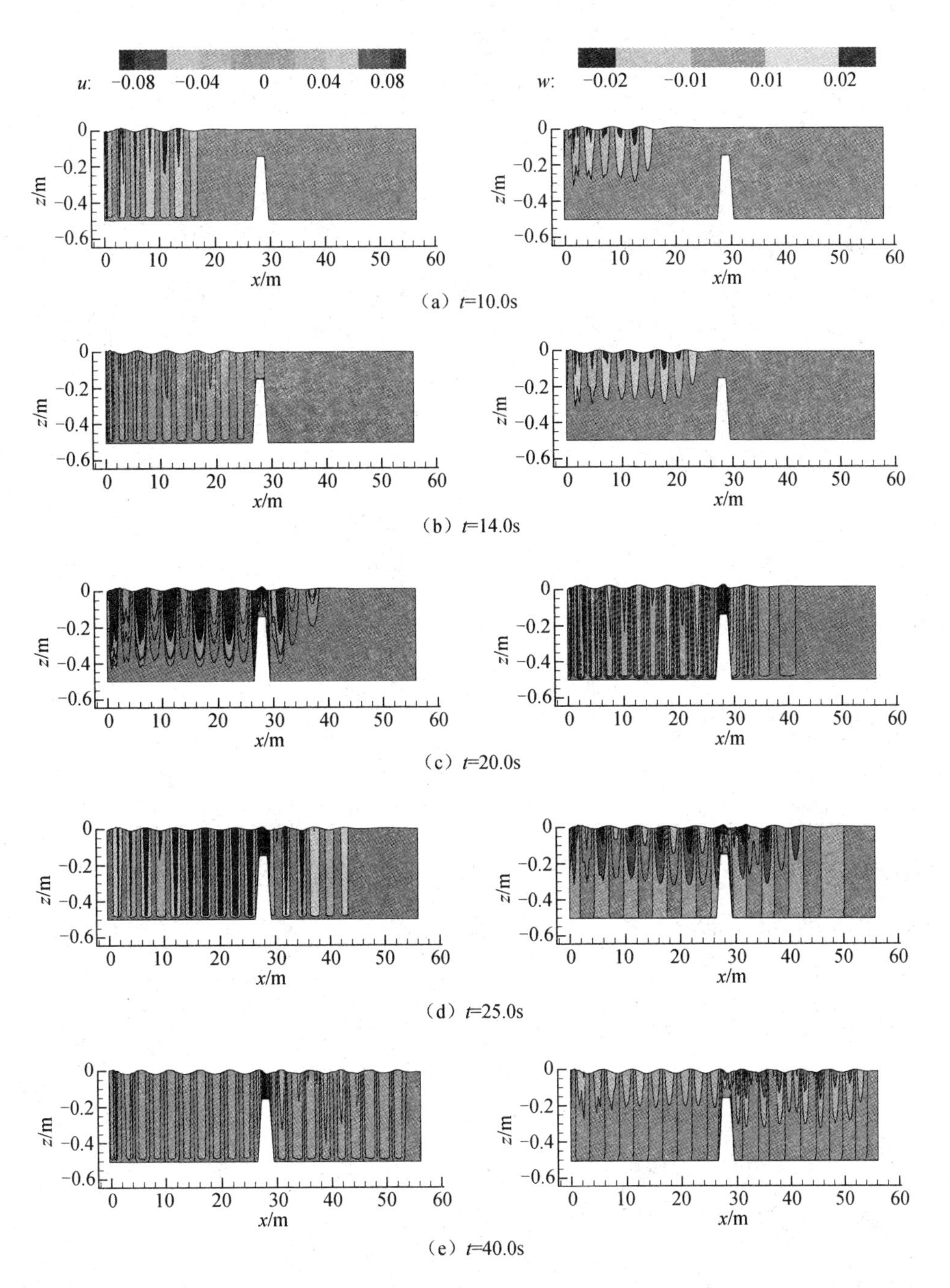

（a）t=10.0s

（b）t=14.0s

（c）t=20.0s

（d）t=25.0s

（e）t=40.0s

图 7-10　不同时间下速度分量等值线图

7.3 含淹没植被的明渠水流流动

7.3.1 计算参数

淹没水生植被在河流中非常常见，含有植被水流区域的流速减少，切应力减少。选取 Lopez 等人的含淹没水生植被的水槽试验成果对数学模型验证。选取 Lopez 中试验工况 1 和工况 13 验证，选取 Lopez 中试验工况 1 和工况 13 条件如表 7-2 所示。计算区域为长 15m，宽 0.91m，高为不同工况下的水深，计算网格采用 250×50×50 均匀网格划分，时间步长为 0.002s，时间步长和网格大小均满足网格无关性的要求，其中植被直径的阻力系数取值采用关系式（7-1）来确定。模型采用修正的 SM 模型。

$$\frac{C_{\mathrm{d}}}{\overline{C_{\mathrm{d}}}}=0.74+3.51\left(\frac{z}{h_{\mathrm{v}}}\right)-6.41\left(\frac{z}{h_{\mathrm{v}}}\right)^{2}+2.72\left(\frac{z}{h_{\mathrm{v}}}\right)^{3} \tag{7-1}$$

式中，平均阻力系数 $\overline{C_{\mathrm{d}}}$ 的取值为 1.13。

表 7-2　数值模拟计算工况

实验工况	植被直径 D/m	植被密度 a/m^{-1}	坡度 θ /（°）	流量 Q/（m^3/s）	水深 H/m	植被高度 h_{v}/m	计算区域 $x\times y\times z$/（m×m×m）	植被类型
1	0.0064	1.09	0.0036	0.179	0.335	0.112	15×0.91×0.335	刚性
13	0.0064	1.09	0.0036	0.179	0.368	0.152	15×0.91×0.368	柔性

7.3.2 数值模拟结果

图 7-11 显示为上述两种工况下在充分发展区域内时间平均水平速度对比图。从图中可知，数值计算结果和实验数据吻合良好，在植被区域水流速度明显减缓。图 7-12 显示为上述两种工况下充分发展区域内时间平均切应力对比图。从图中可知，切应力在植被林冠处最大，而且计算结果和实验数据吻合良好。同时，把柔性植被采用刚性植被近似后，数值模拟的最大切应力位置比实验值位置略高。因此，把柔性植被采用刚性植被的计算误差较大。

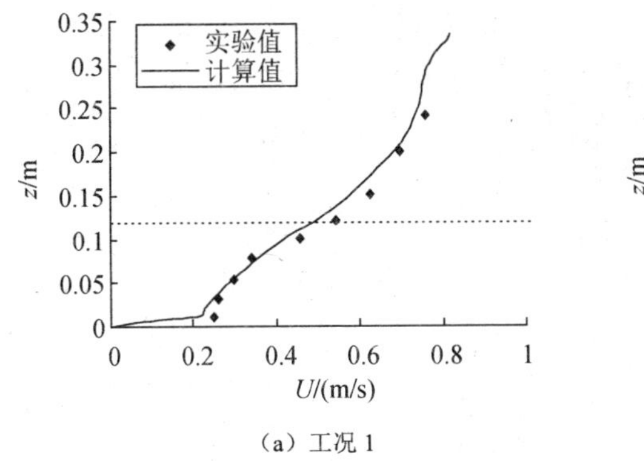

（a）工况 1

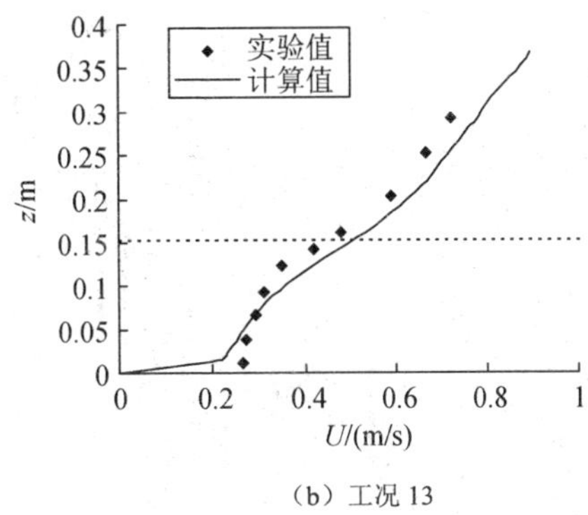

（b）工况 13

图 7-11 计算平均速度值和实验值对比图

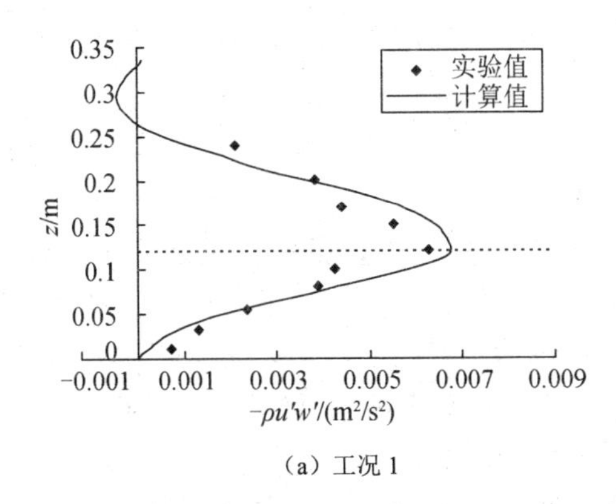

（a）工况 1

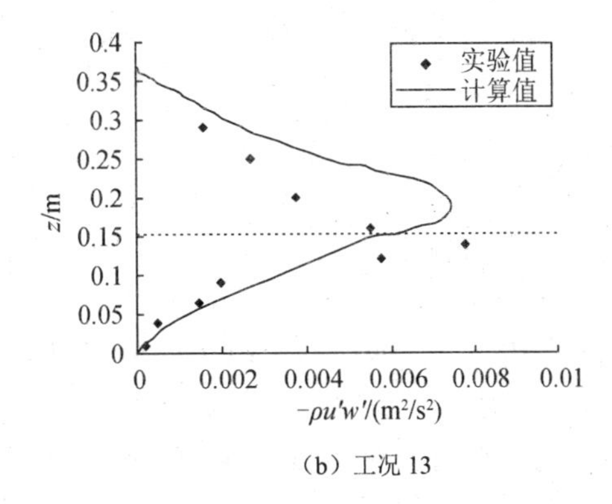

（b）工况 13

图 7-12 计算切应力和实验值对比图

7.4 部分刚性植被化的明渠水流流动

7.4.1 计算参数

部分刚性植被水生植被在河流中非常常见，在部分含有植被水流区域的流速减少，切应力减少，泥沙容易淤积。选取 Nezu 和 Onitsuka（2001）的部分植被化明渠水槽实验成果，如图 7-13 所示。实验在 10m 长、0.4m 宽和 0.7m 深的室内水槽进行。植被采用圆柱体用来模拟刚性植被，圆柱体直径为 2mm，高为 50mm，植被密度为 $20m^{-1}$。选取 Nezu 和 Onitsuka 试验工况中的 FR2 验证，水槽流量为 $0.0055m^3 \cdot s^{-1}$，水槽的坡度为 1/2700，采用 LDV 和 PIV 测量数据。

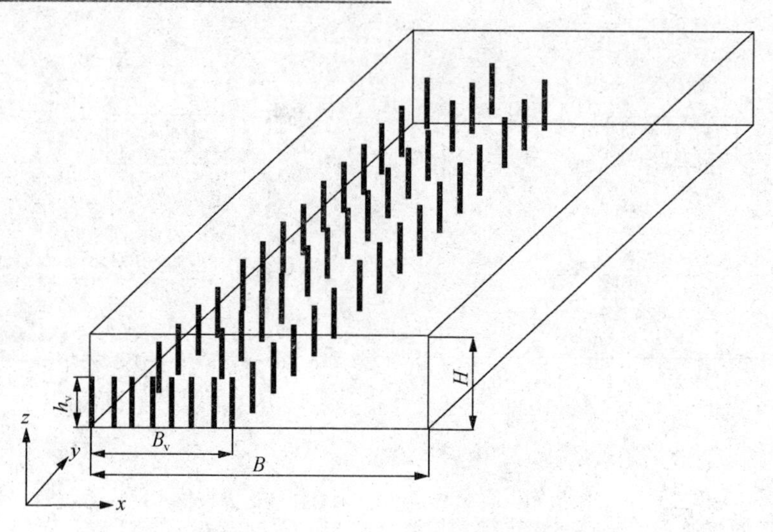

图 7-13　Nezu 等人实验水槽示意图

计算区域为长 15m、宽 0.4m、高 0.07m，计算网格为 400×40×20，时间步长为 0.002s，植被直径的阻力系数取值为 1.13，模型采用修正的 SM 模型。

7.4.2　数值模拟结果

图 7-14 显示为时间平均下不同水深下水平速度空间分布图，从图 7-14（a）中可知，在靠近河底 z/H=0～0.1 范围内，植被区域速度大小和非在植被区域速度大小相当，说明在这个范围内植被对水流流速的影响较小，这是由于在靠近河底区域范围内，河底切应力对水流的影响要远大于植被对水流流速的影响；而超过此范围植被对水流流速的影响较大，明显使植被区域范围内水流速度减小，如图 7-14（b）和（c）所示。另外，从图中可知，水流大约需要经过 8m 的过渡区域的发展才能充分发展到充分发展湍流区域，在过渡区域范围内非植被区域内的水流流速比充分发展区域内的流速略大。

图 7-15 显示为充分发展区域时间平均下 z/H=0.93 条件下水平速度对比结果，从图中可知，数值计算结果和实验数据吻合良好，且可明显看出在植被区域水流速度明显减小。图 7-16 显示为不同水深下切应力对比图，从图中可知，在植被和非植被交接处切应力最大，除了在靠近河面处的切应力偏差较大外，其他地方吻合良好，趋势一致。从图中可知，在植被和非植被交接处切应力最大，数值计算和实验结果吻合良好。这说明在植被和非植被交接处存在强的水平切应力层，从而产生水平方向的 Kelvin-Helmholtz（K-H）拟序结构涡，加大水流在水平方向的掺混。图 7-17 显示为量纲一化下计算速度场和实验速度场对比，从图中可见，数值模拟可以模拟出含有部分植被明渠水流二次环流现象。为了进一步研究植被密

度 $C_d\alpha d$ 对明渠水流的过水能力影响，计算了不同植被密度 $C_d\alpha d$ 下明渠水流的过流流量大小，如图 7-18 所示。从图中可知，植被密度 $C_d\alpha d$ 增加，明渠水流的流量减小，但随着植被密度 $C_d\alpha d$ 增加超过 1.2 以后，明渠水流的流量基本维持不变。

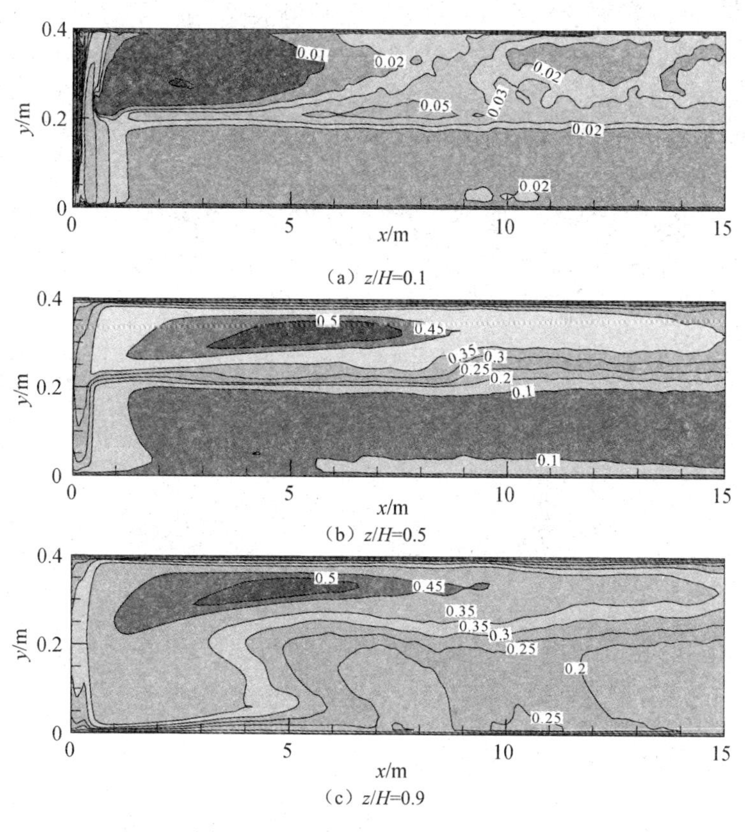

图 7-14　不同水深计算流速分布图

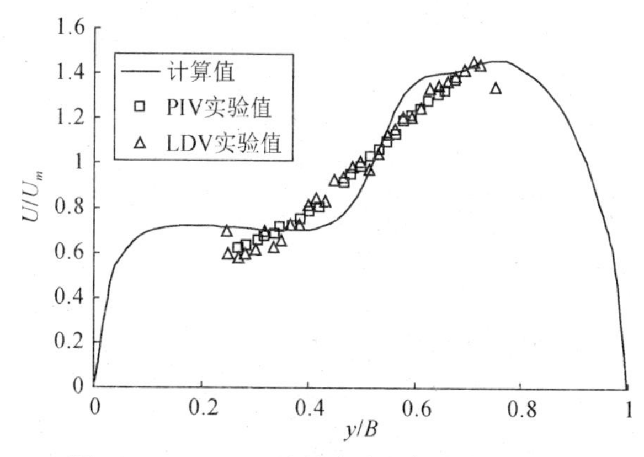

图 7-15　z/H=0.93 计算流速和实验结果对比图

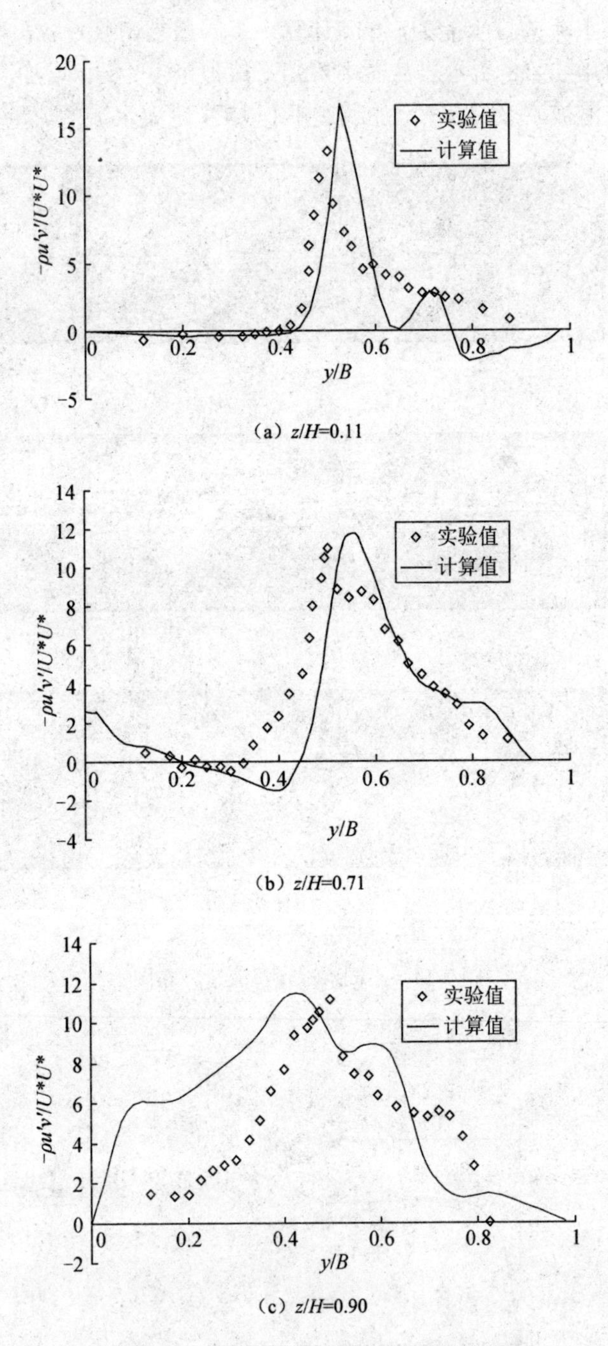

（a）z/H=0.11

（b）z/H=0.71

（c）z/H=0.90

图 7-16　计算切应力和实验结果对比图

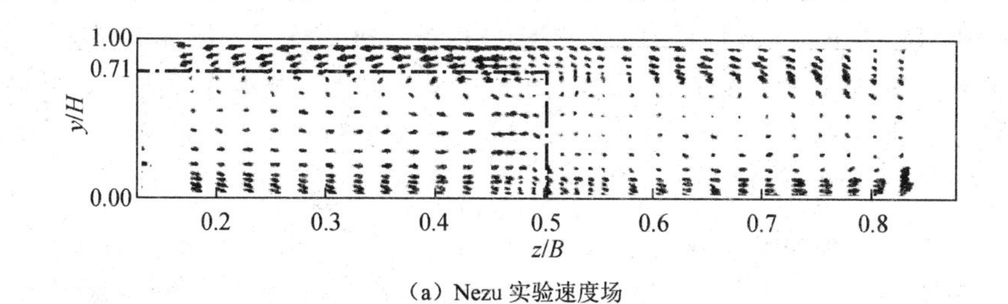

（a）Nezu 实验速度场

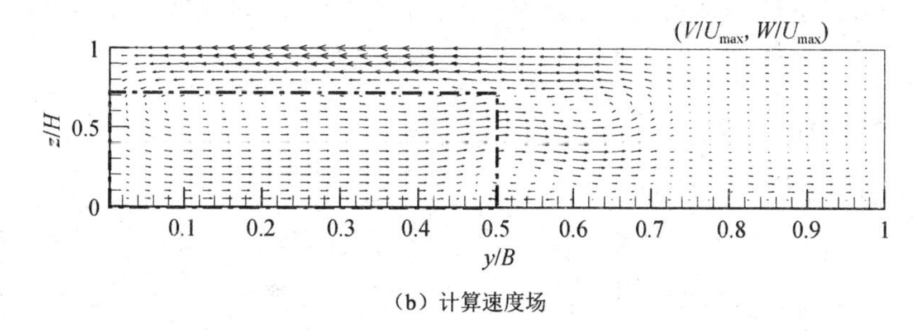

（b）计算速度场

图 7-17　计算速度场和实验速度场对比图

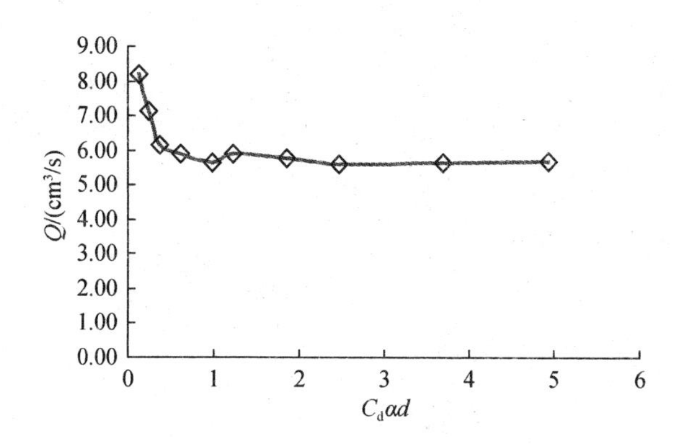

图 7-18　植被密度和流量关系图

7.5　有限区域非淹没刚性部分植被水流流动

7.5.1　计算参数

有限区域非淹没刚性水生植被在河流中也非常普遍，在非淹没刚性有限区域的流速减少，切应力减少，泥沙容易淤积。选取 Zong 和 Nepf（2010，2011）的部分非淹没植被化明渠水槽实验成果对比。实验在长 16m、宽 1.2m 室内水槽进行。植被采用直径为 6mm 圆柱体用来模拟刚性植被。植被安排在距离在测量断面 2m 处的位置，植被区域长 8m、宽 0.4m。选择两组实验工况进行数值模拟对比：一种植被密度为$\alpha=4\text{m}^{-1}$；另外一种植被密度为$\alpha=21\text{m}^{-1}$，其相应的进口平均流速分别为 0.107m/s 和 0.116m/s。

计算区域为长 16m、宽 1.2m、高 0.14m，为了减少进口流速的不确定性，数值模拟中植被区域位于 x=5～13m 和 y= 0～0.4m 之间，计算网格为 400×100×20，时间步长为 0.002s，时间步长和网格大小均满足网格无关性的要求，植被直径的阻力系数取值为 1.13，模型采用修正的 DDES 模型。

7.5.2 数值模拟结果

图 7-19 和图 7-20 分别显示在植被密度为$\alpha=4\text{m}^{-1}$和$\alpha=21\text{m}^{-1}$条件下平均速度的 x 方向和 z 方向分量分别在 $y=0.2$ 和 $y=0.4$ 下的计算数据和实验数据对比图。在 $y=0.2$ 处，速度流向和展向分量和实验数据总体上吻合良好。实验显示植被前 1m 处速度流向分量逐渐减少，数值模拟完全可以模拟这个一过程。同时，数值模拟可以模拟出展向速度分量突然的增加现象，虽然数值模拟的最大值比实验值略低。在 $y=0.4$ 处，速度流向和展向分量和实验数据总体上吻合，但速度流向分量和实验数据偏差较大。实验显示在植被和非植被交界处，存在水平 Kelvin-Helmholtz 拟序结构涡。速度流向分量和实验数据偏差较大，说明 DDES 不能很好地模拟水平 Kelvin-Helmholtz 拟序结构涡，如图 7-21 三维速度场所示。因此，采用 DDES 模拟非淹没刚性部分植被水流流动水平 Kelvin-Helmholtz 拟序结构涡仍需改进。

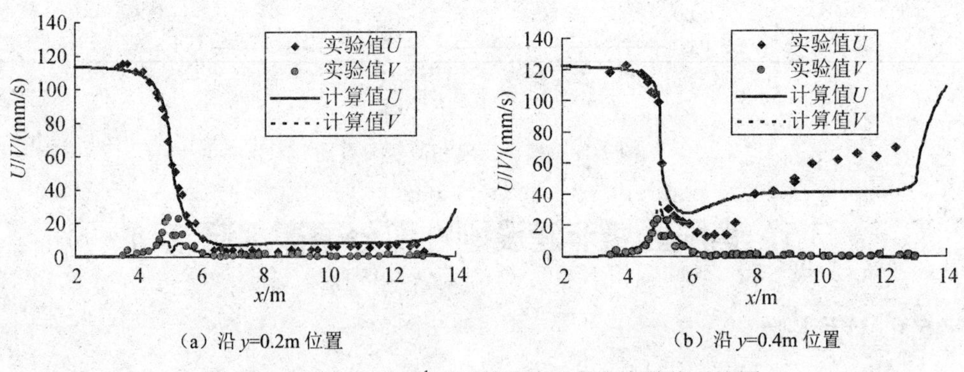

(a) 沿 y=0.2m 位置　　(b) 沿 y=0.4m 位置

图 7-19　工况$\alpha=4\text{m}^{-1}$下计算速度分量和实验值对比图

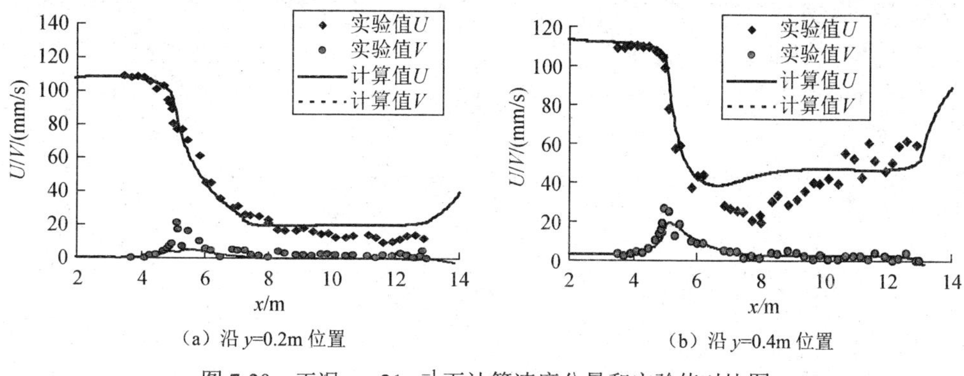

（a）沿 y=0.2m 位置　　（b）沿 y=0.4m 位置

图 7-20　工况 α =21m^{-1} 下计算速度分量和实验值对比图

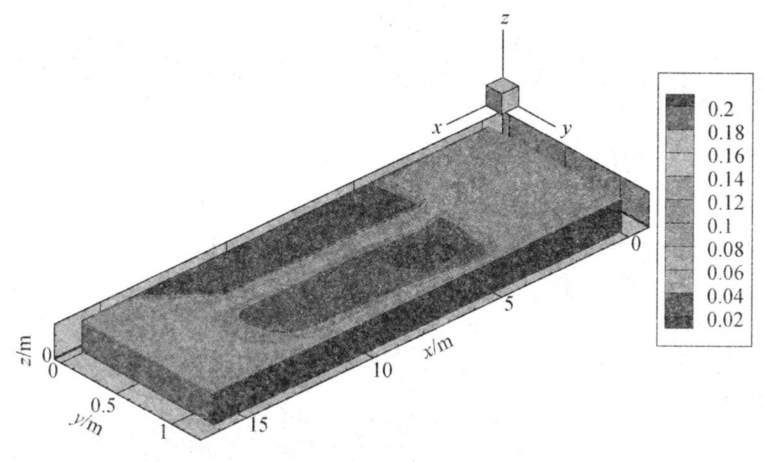

图 7-21　工况 α =21m^{-1} 下三维速度图

7.6　有限区域淹没柔性植被水流流动

7.6.1　计算参数

河流中水生植被大多是柔性植被，数值模拟柔性植被和水流之间的作用是个巨大挑战。选取 Ghisalberti 和 Nepf，Pan 等关于柔性植被化明渠水槽实验成果验证对比。实验在长 24m、宽 0.38m 的室内水槽进行。植被采用在直径 0.64cm 和高 1.5cm 圆柱体内安装高为 20.3cm、宽为 3.8mm、厚为 0.20mm 的 6 个人工叶片模拟鳗草。鳗草的刚度 EI=7.5×10^{-7}N•m^2，密度 ρ_v =920kg•m^{-3} 和植被株数 N=230m^{-2}。

计算区域为长 12m、宽 0.38m，水深为 0.467m，植被安排在 x=2～8.5m 和 y=

0～0.38m 之间，标准计算网格为 400×40×40，时间步长为 0.002s。采用修正的 Sagaut 模型以及柔性植被采用前文所说的方法一，来模拟柔性植被和水流的相互作用（图 7-22）。

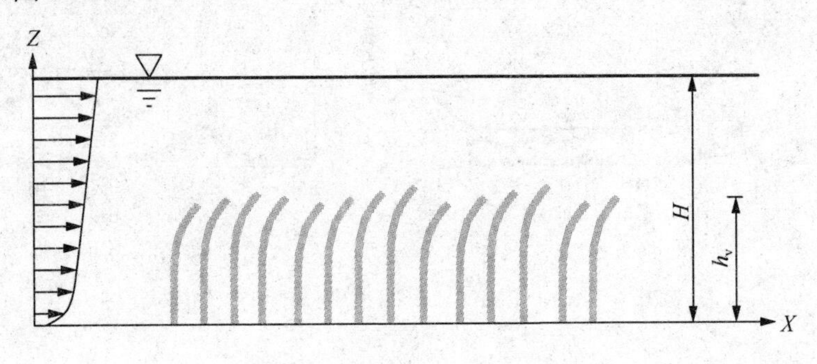

图 7-22　计算区域示意图

7.6.2　数值模拟结果

图 7-23 显示时间平均速度 x 方向和 z 方向分量等值线图。从图中可知，植被区域内的速度明显偏小。速度 x 方向分量在第一排植被靠后逐渐增加，在流进约 4m 的位置后进入充分发展阶段。与其同时，速度 x 方向分量在第一排植被靠上位置减小，由于为了维持流量不变，速度 z 方向分量在第一排植被靠上位置增大。

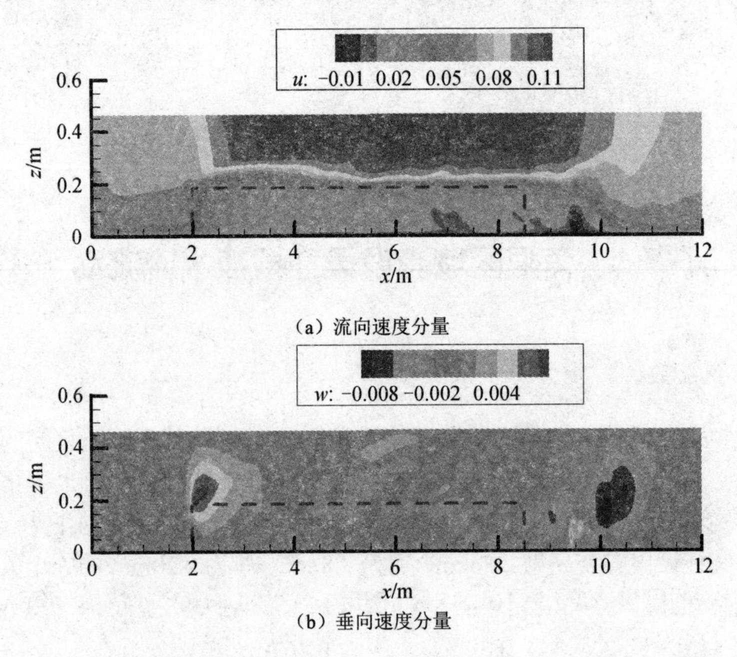

（a）流向速度分量

（b）垂向速度分量

图 7-23　采用修正的 Sagaut 模型计算平均速度图（虚线是植被区域）

数值模拟在充分发展区域内速度、切应力和实验数据对比如图 7-24 所示，两者对比显示吻合良好。图 7-24（a）显示了不同网格下数值模拟结果。从图中可知，满足网格无关性的要求。图 7-25 显示不同时间下柔性植被高度随时间变化动态过程。数值模拟完全能捕捉到柔性植被和水流相互作用的 Honami 现象，同时程序完全数值模拟出 Kelvin-Helmholtz 拟序结构涡，如图 7-26 三维 Q 准则所展示涡结构。柔性植被弯曲后平均高度如图 7-27 所示，数值模拟数据和实验数据吻合。

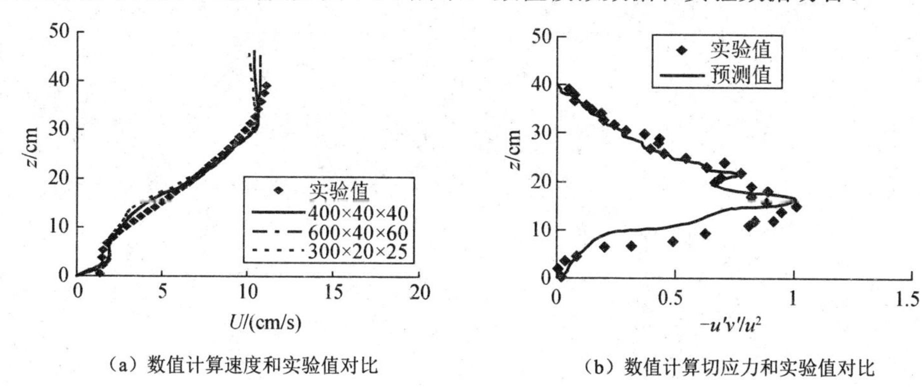

（a）数值计算速度和实验值对比　　（b）数值计算切应力和实验值对比

图 7-24　采用修正的 Sagaut 模型计算平均速度、切应力和实验值对比图

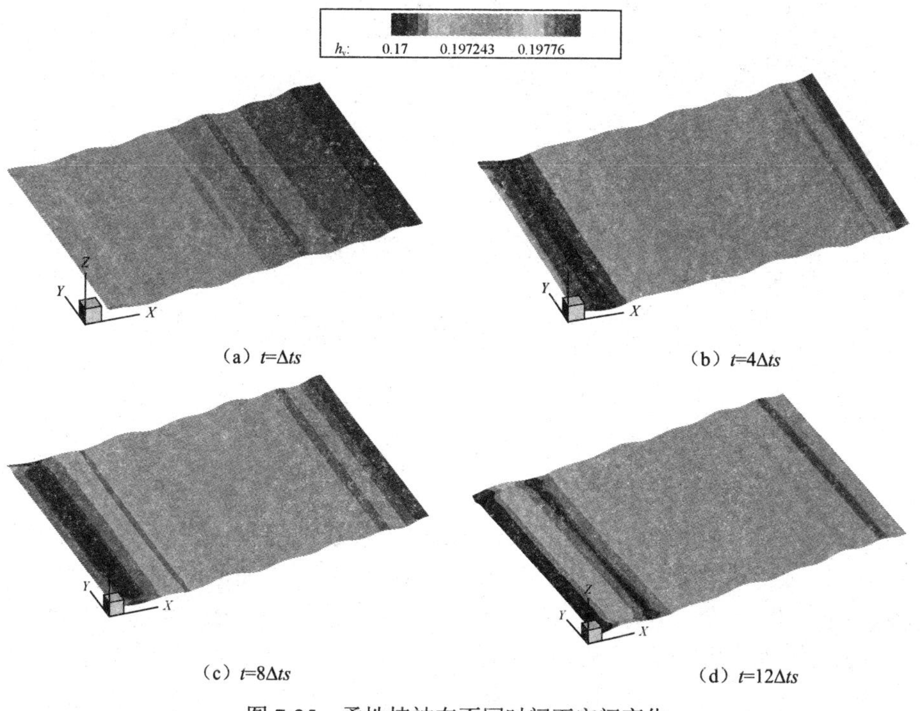

（a）$t=\Delta ts$　　（b）$t=4\Delta ts$

（c）$t=8\Delta ts$　　（d）$t=12\Delta ts$

图 7-25　柔性植被在不同时间下空间变化

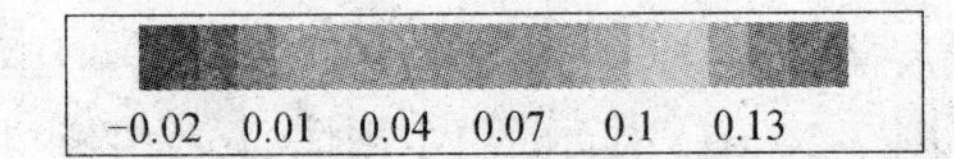

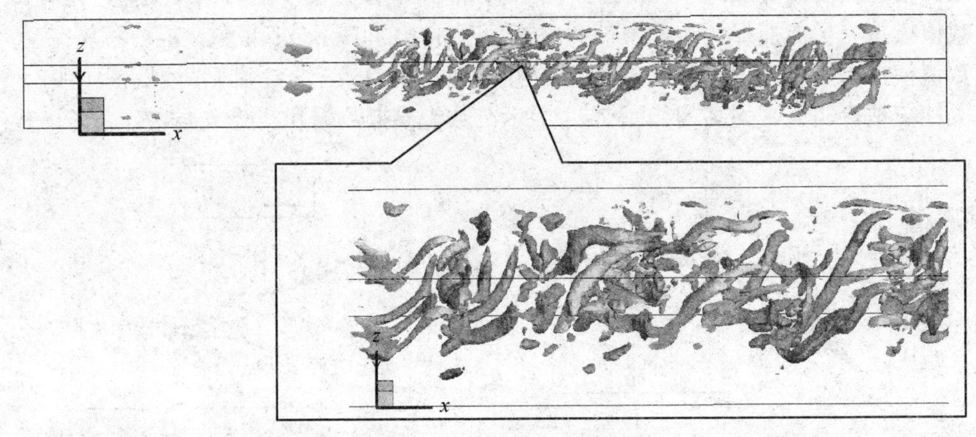

图 7-26　采用修正的 Sagaut 模型计算瞬时 Kelvin-Helmholtz 拟序结构涡

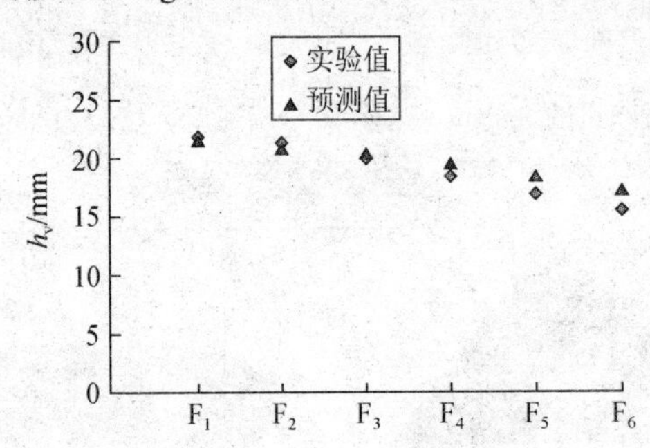

图 7-27　平均植被高度和实验对比图（F_1～F_6是指 Ghisalberti 和 Nepf 中实验工况）

7.7　淹没植被对波浪衰减过程数值模拟

7.7.1　计算参数

波浪经过海岸带中水生植被时会引起波能的衰减。选取 Asano 等（1993）关于植被对波浪衰减的水槽实验成果进行验证对比。实验在长 27m、宽 0.5m、高 0.7m 的室内水槽进行。植被采用柔性聚丙烯条形模拟植被，条形植被长 25cm、宽 52mm、厚 0.03mm，相对度为 0.9。条形植被区域长为 8m，安置在水槽中间。选取静止水深 0.45m、波高 0.1001m、波周期 1.67、植被株数为 1100 的工况进行验证对比。

计算区域为长 16m、宽 0.5m、水深 0.45m，植被安排在 x=3～11m 和 y=0～

0.5m 之间，标准计算网格为 400×20×40，时间步长为 0.004s。采用修正的 Sagaut 模型以及柔性植被采用前文所说的方法三，来模拟柔性植被和波浪的相互作用。

7.7.2　数值模拟结果

图 7-28 显示数值模拟高波和实验值对比图。从图中可知，数值模拟显示植被所引起的波高衰减和实验值吻合一致。为了进一步减小在出口边界的波浪反射到计算区域中，影响计算精度，在距离出口处 1m 的位置布置了人工海绵层，进一步消能。从图 7-28 可见，人工海绵层可有效地消减波能。图 7-29 显示为波浪在植被前和后的波高时间序列。从图中可知，植被能有效地降低波高，引起波能在植被区域中衰减。

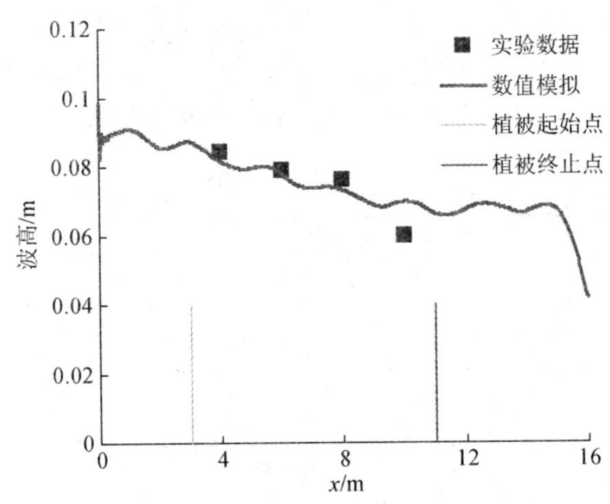

图 7-28　平均波高衰减对比图

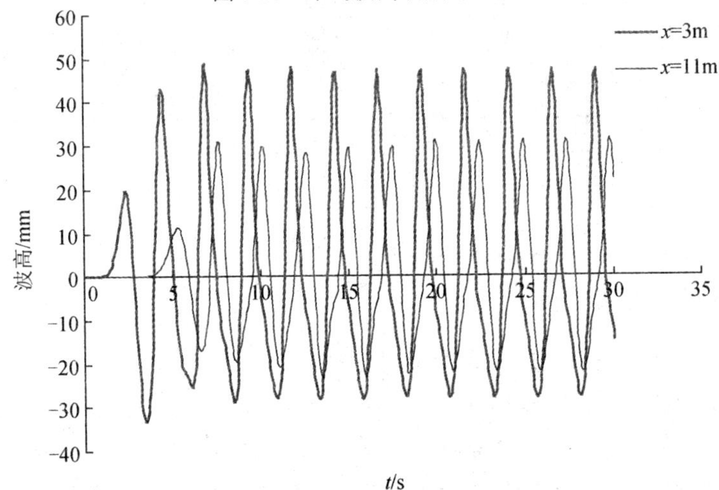

图 7-29　波浪在植被前和后的波高对比

7.8 污染物在刚性淹没植被迁移过程

7.8.1 计算参数

河流水生植被对污染物的扩散有着重要的影响，为了对比植被密度对污染物迁移的影响。选取 Okamoto 和 Nezu（2010）污染物在植被中扩散实验成果进行验证对比。实验在长 10m、宽 0.4m、高 0.3m 的室内水槽进行。植被采用长为 5cm、宽 0.8mm、厚 1mm 的刚性条带。采用 PIV 和 LIF 测量流场和浓度场。选取静止水深 0.15m、平均速度 0.2m/s、植被密度 7.625m^{-1} 的工况，如表 7-3 所示。

计算区域为长 15m、宽 0.4m、水深 0.15m，总网格数为 0.65 万非均匀网格数，最大网格长度为 0.00375m，最小网格长度为 0.002m，时间步长为 0.002s。模型采用修正的 SM 模型，污染物分别采用欧拉和拉格朗日两种方法模拟。

表 7-3　数值模拟的主要参数

工况	植被高/m	植被密度/ m^{-1}	污染物位置/（y/m;z/m）	水深/m	进口速度/（m/s）
工况 1	—	—	0.2;0.05	0.15	0.12
工况 2	0.05	7.625	0.2;0.05	0.15	0.12
工况 3	0.05	7.625	0.2;0.025	0.15	0.12
工况 4	0.05	7.625	0.2;0.075	0.15	0.12
工况 5	0.05	2	0.2;0.05	0.15	0.12
工况 6	0.05	5	0.2;0.05	0.15	0.12
工况 7	0.05	10	0.2;0.05	0.15	0.12
工况 8	0.05	15	0.2;0.05	0.15	0.12
工况 9	0.05	20	0.2;0.05	0.15	0.12
工况 10	0.05	30	0.2;0.05	0.15	0.12
工况 11	0.05	40	0.2;0.05	0.15	0.12
工况 12	0.05	50	0.2;0.05	0.15	0.12
工况 13	0.05	60	0.2;0.05	0.15	0.12
工况 14	0.05	70	0.2;0.05	0.15	0.12
工况 15	0.05	80	0.2;0.05	0.15	0.12

7.8.2 数值模拟结果

图 7-30 显示在充分发展区域时间平均速度和实验值对比图。从图中可知，两者对比显示吻合良好。图 7-31 和图 7-32 显示采用欧拉方法数值模拟浓度值和实验值对比图。从图中可知，两者对比显示吻合良好。另外，有无考虑到机械弥散对污染物迁移扩散系数对比影响也在图 7-31 中所示。从图中可知，在植被环境中

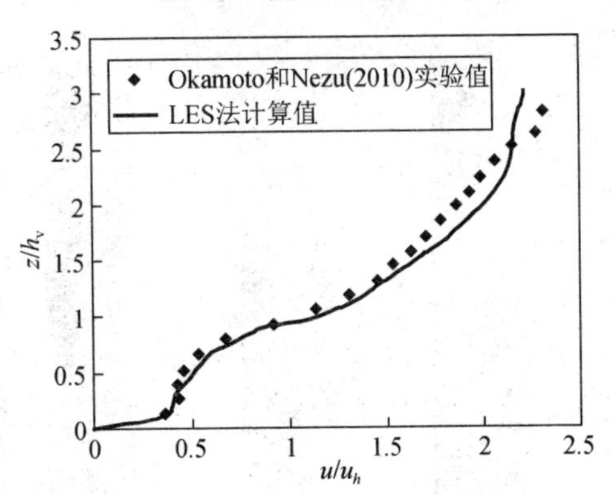

图 7-30　计算平均速度和实验值对比图

污染物扩散系数中考虑机械弥散更加能合理描述污染物迁移过程。植被密度对水流速度的影响变化如图 7-33 所示，当植被的密度大于 30 时，植被密度对水流流速影响变化不显著，定量对比如图 7-34 所示。同时，当植被密度大于 30 时，植被对污染物的衰减速度影响不显著（图 7-35）。图 7-36 显示采用欧拉方法和拉格朗日方法数值模拟得出的浓度分布对比图。对比结果显示采用欧拉方法计算出浓度分布值比拉格朗日方法计算出浓度分布值更加与实验值吻合。图 7-37 显示采用拉格朗日方法在不同时间下污染物粒子迁移分布图。

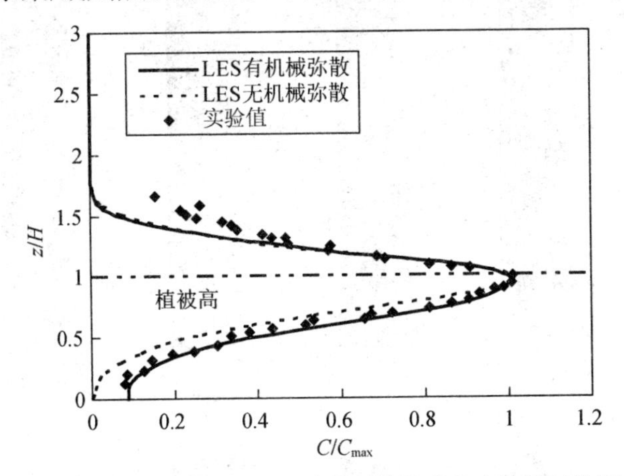

图 7-31　距离点源 6.4cm 处计算平均浓度和实验值对比图

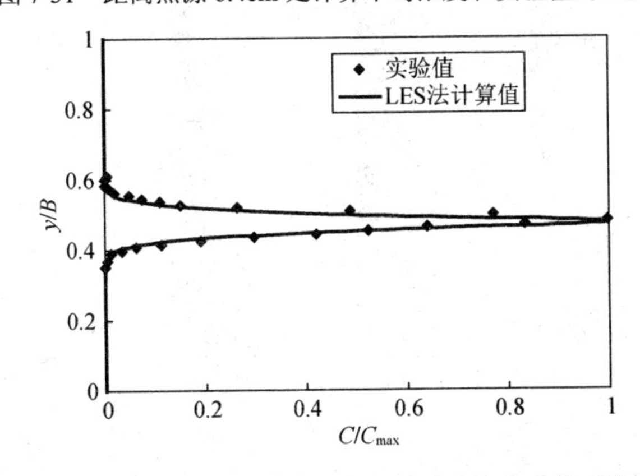

图 7-32　距离点源 9.6cm 处计算平均浓度和实验值对比图

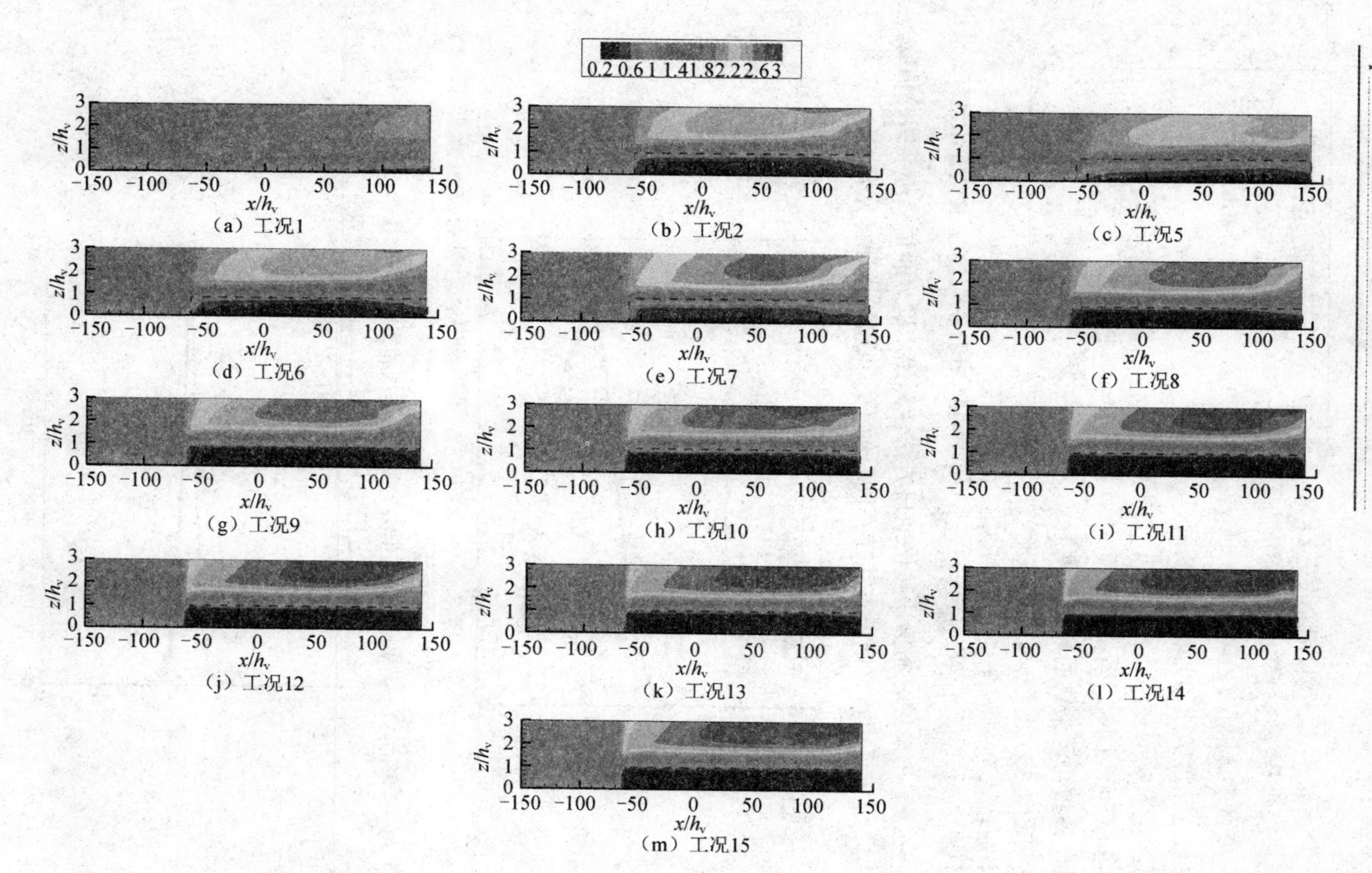

图 7-33　不同工况下计算平均速度场（虚线为植被区域）

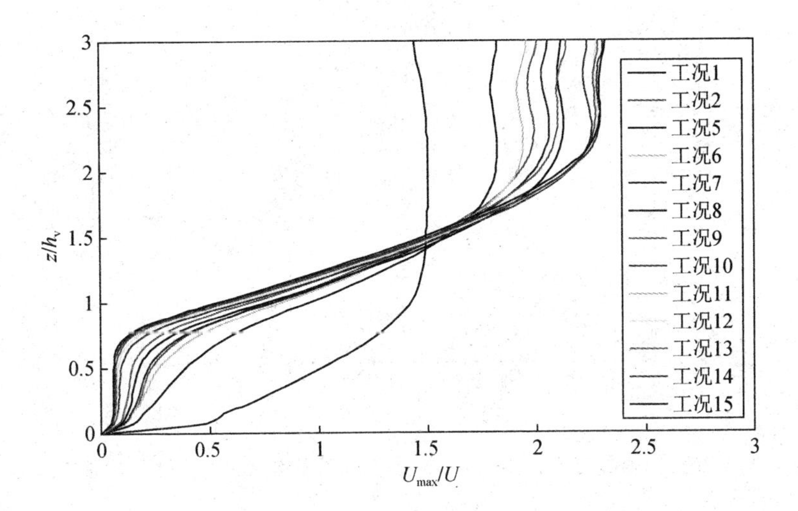

图 7-34　不同工况下在充分发展区域内计算平均速度分布图

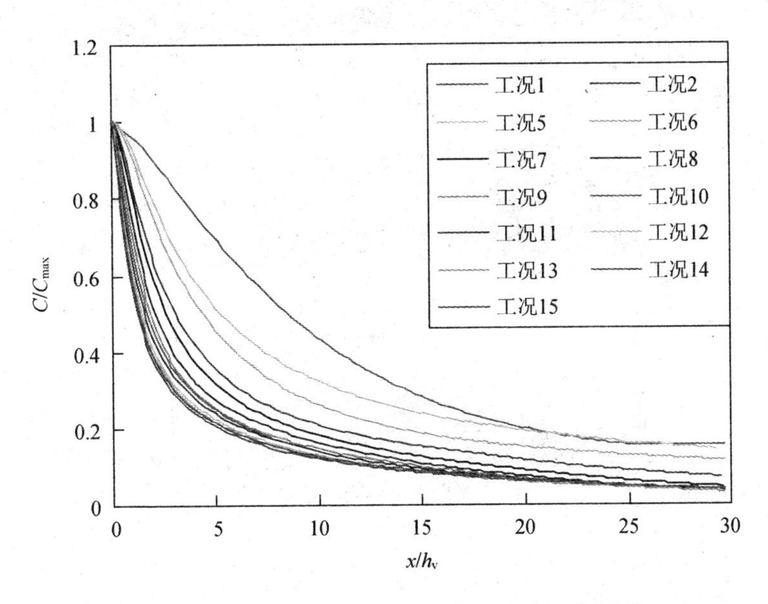

图 7-35　不同工况下浓度沿流向衰减过程分布图

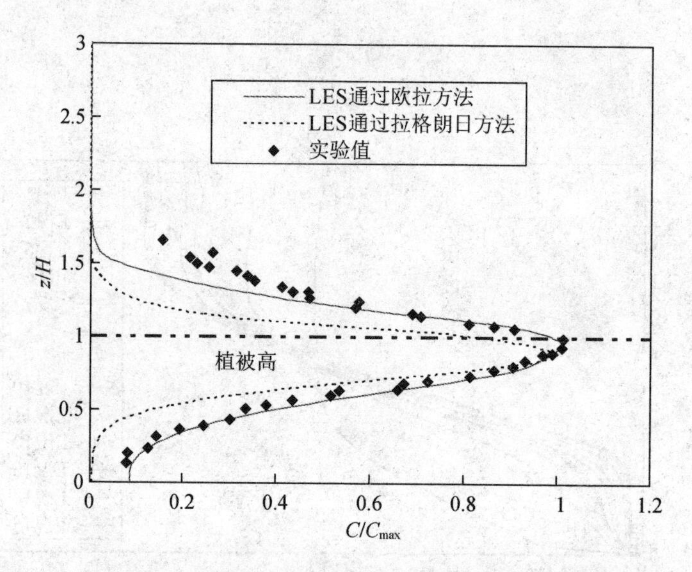

图 7-36　采用欧拉方法和拉格朗日方法数值模拟得出的浓度分布对比图

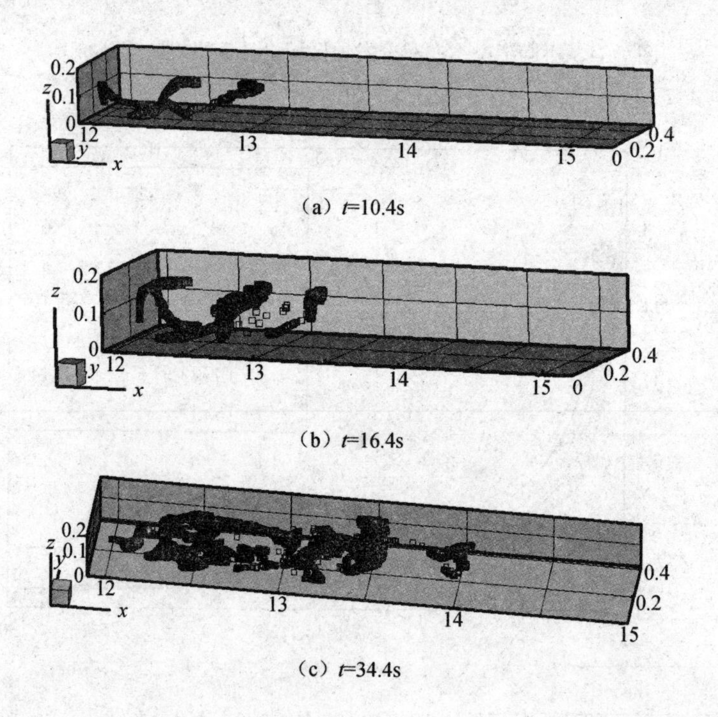

（a）t=10.4s

（b）t=16.4s

（c）t=34.4s

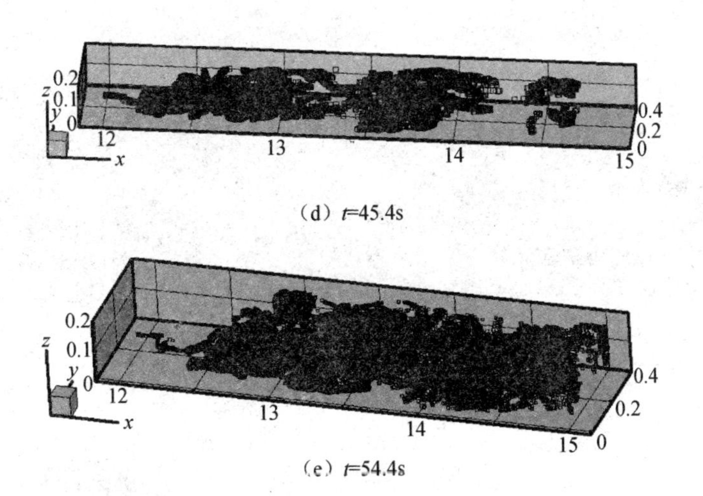

（d）t=45.4s

（e）t=54.4s

图 7-37　不同时间下粒子迁移分布图

7.9　河流岸滩菖蒲植被对河流流场的影响

7.9.1　计算参数

外河是安徽省马鞍山市和江苏省南京市交界的一条河流，河宽 200m，河流水深变化在 0.7～3.1m，选取汛期上游流量为 485m^3/s 为计算流量。在春夏季节植被菖蒲生长在河的岸边，位置如图 7-38 所示。为了模拟菖蒲整个生长期间对河流水流的影响，选取不同生长期间菖蒲对水流的影响，数值模拟采取的菖蒲关键参数如表 7-4 所示。三维网格划分如图 7-39 所示。

表 7-4　数值模拟中菖蒲的关键参数

工况	植被密度/（株/m^2） $N\pm\sigma_N$	植被长度/cm $h_v\pm\sigma_{h_v}$	植被刚度/N·m^2 $EI\pm\sigma_{EI}$	植被宽度/cm $b\pm\sigma_b$
工况 1	—	—	—	—
工况 2	180 ± 15	30 ± 7.1	$5.5\times10^{-5}\pm0.57\times10^{-5}$	0.8 ± 0.24
工况 3	190 ± 16	50 ± 16.4	$1.5\times10^{-4}\pm0.73\times10^{-4}$	1.1 ± 0.42
工况 4	188 ± 17	70 ± 15.3	$8.8\times10^{-4}\pm0.64\times10^{-4}$	1.3 ± 0.51
工况 5	192 ± 16	90 ± 17.4	$1.5\times10^{-3}\pm0.85\times10^{-3}$	1.5 ± 0.74

图 7-38　计算区域位置图

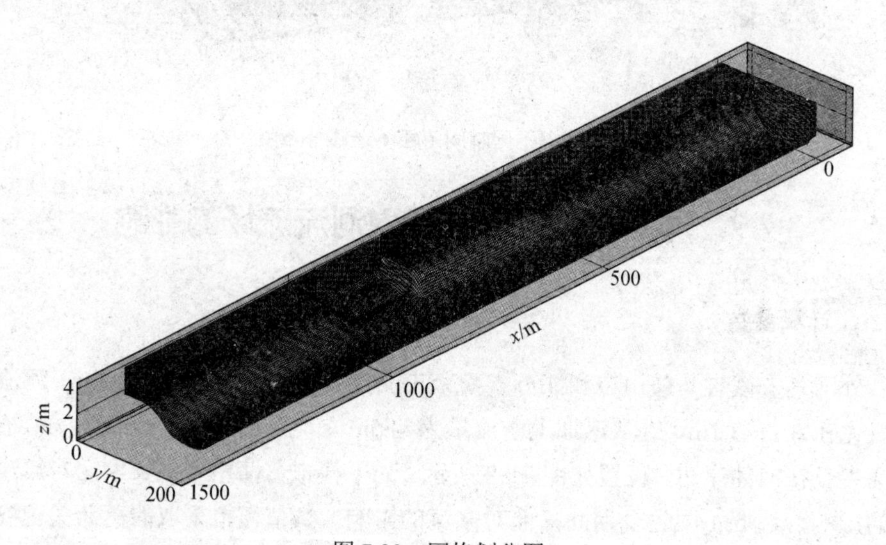

图 7-39　网格划分图

7.9.2　数值模拟结果

图 7-40 显示 5 种不同工况下三维空间速度分布云图。从图中可知，植被区域内的菖蒲随着生长期间对水流的流速影响显著。明渠河流中常采用沿水深平均速度大小来表述河流的流速大小，为了能更加清楚地观察到菖蒲生长期间对河流平均速度和最大速度位置的影响，图 7-41 显示沿水深平均速度云图。可以明确看到植被区域内平均流速减小，最大幅度可达 65%左右，而河流主槽中流速增加 13%左右，且主流的最大速度位置几乎不变，如图 7-42 两处断面的速度所示。同时图 7-42 显示了无植被条件下计算速度分布值和现场实验值对比，两者吻合良好。

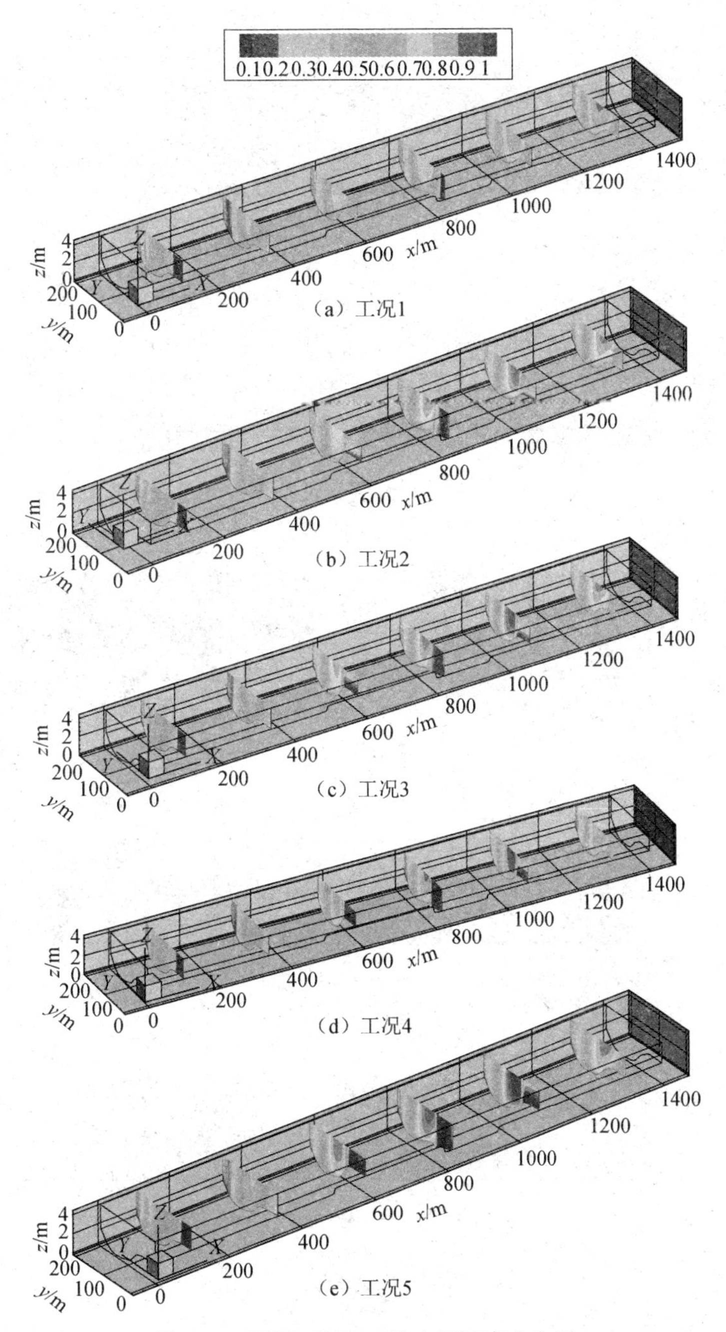

（a）工况1

（b）工况2

（c）工况3

（d）工况4

（e）工况5

图 7-40　不同工况下三维空间速度分布图

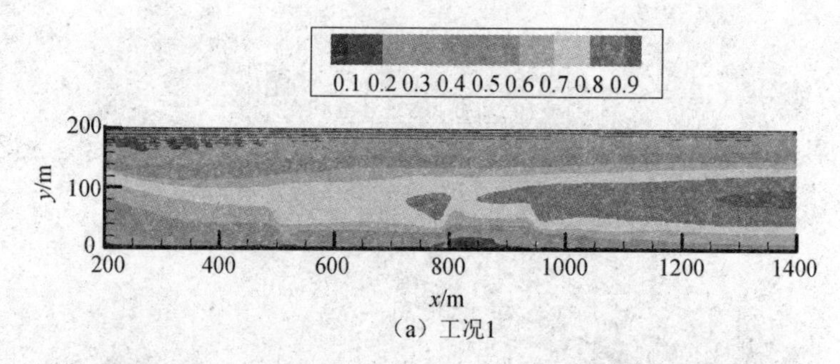

（a）工况1

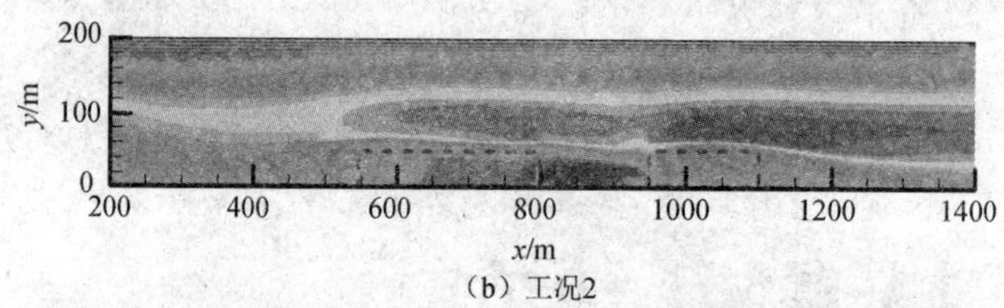

（b）工况2

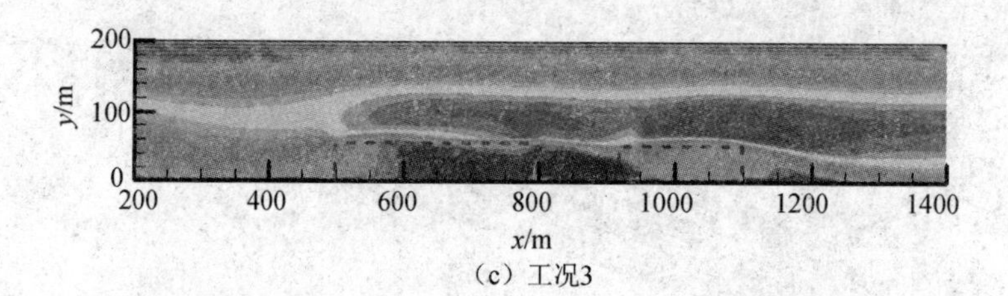

（c）工况3

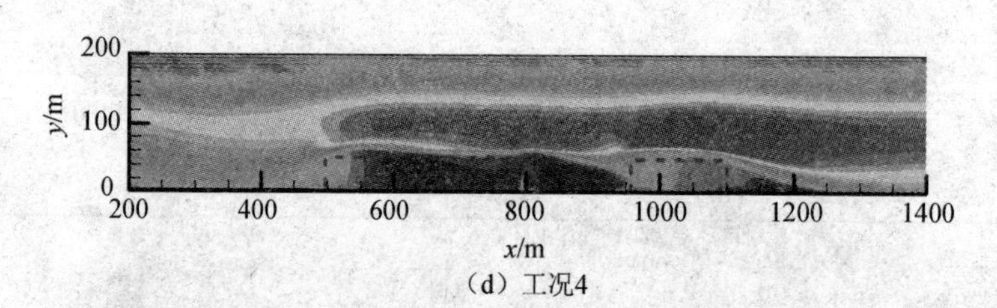

（d）工况4

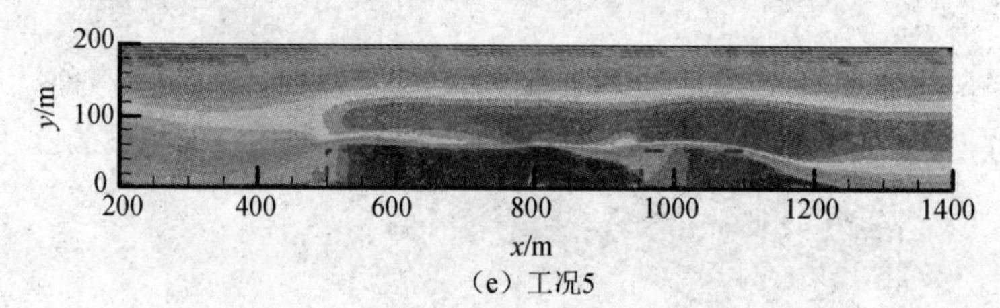

（e）工况5

图 7-41　沿水深平均速度云图

注：图中虚线为植被区域

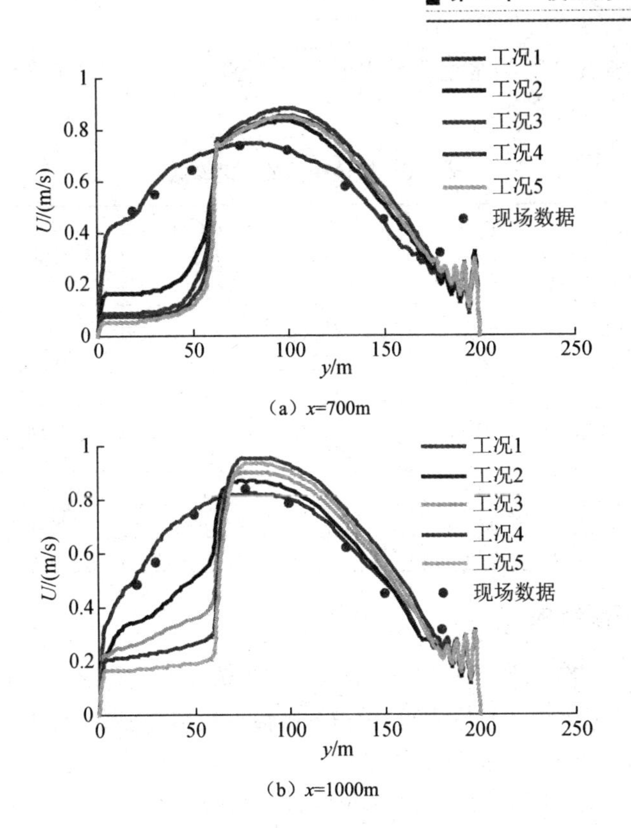

图 7-42　两处断面平均速度分布对比图

7.10　河流死水区植被对水流交换能力影响数值模拟

7.10.1　计算参数

河流河湾是常见的一种死水区域，通常有水生植被生长存在。以前的研究大都基于无植被条件的死水区域和主河流之间的交换能力。为了研究河湾死水区域内水生植被存在对它的交换能力影响，在 Muto 等人的实验条件下，人为地增加了数值模拟工况。Muto 等人的实验是在长 2.0m、宽 0.16m 的主水槽进行，侧向死水区域长 0.16m、宽 0.16m，采用 LDA 获取实验速度，进口流速为 0.37m/s。

为了进一步研究死水区域大小和有无植被对它和主河流之间的交换能力，人为设置 9 种模拟工况，如表 7-5 所示。前三组是在不同河湾尺度条件下，无植被时对它和主河流之间的交换能力；中间三组是在不同河湾尺度条件下，植被高度等于 1/2 河湾水深时对它和主河流之间的交换能力；后面三组是在不同河湾尺度条件下，植被高度等于河湾水深时对它和主河流之间的交换能力。选取植被参数同前面含淹没植被的明渠水流流动中 Lopez 实验中工况 1 中植被参数相同。模型选取采用修正的 SM 模型。

表 7-5　数值模拟的关键参数

工况	河流长 L/m	河流宽 W/m	河湾长 Le/m	河湾宽 We/m	水深 H/m	植被高度 h_v /m
工况 1	2.0	0.16	0.16	0.08	0.038	—
工况 2	2.0	0.16	0.16	0.16	0.038	—
工况 3	2.0	0.16	0.16	0.32	0.038	—
工况 4	2.0	0.16	0.16	0.08	0.038	0.019
工况 5	2.0	0.16	0.16	0.16	0.038	0.019
工况 6	2.0	0.16	0.16	0.32	0.038	0.019
工况 7	2.0	0.16	0.16	0.08	0.038	0.038
工况 8	2.0	0.16	0.16	0.16	0.038	0.038
工况 9	2.0	0.16	0.16	0.32	0.038	0.038

7.10.2　数值模拟结果

图 7-43 显示第一种工况数值模拟得到平均流场和实验及由 Gualtieri 等人采用 $k\text{-}\varepsilon$ 模型流场对比图，从图中可知，LES 模型模拟得到的平均流场能明显地计算出河流河湾区域内涡旋状况，同实验吻合，与 $k\text{-}\varepsilon$ 模型一致。图 7-44 显示为所有工况下不同高度河流河湾区域内的流场图。可以明显看出植被的存在不明显影响河流河湾区域内的流场图结构，区域内的流场图结构主要受到河湾区域尺寸的影响。

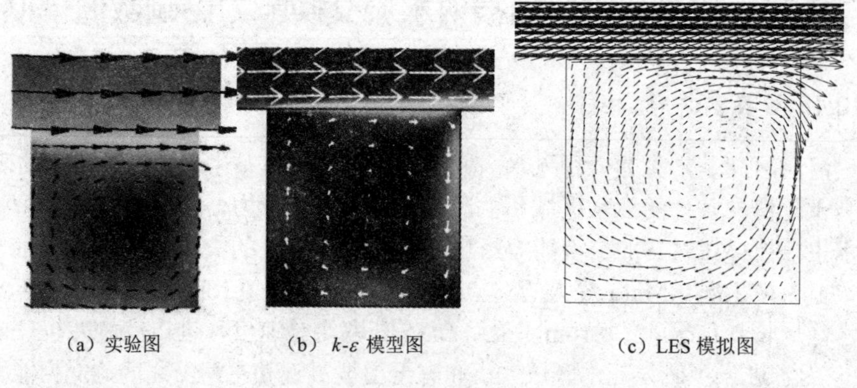

（a）实验图　　（b）$k\text{-}\varepsilon$ 模型图　　（c）LES 模拟图

图 7-43　流场矢量图

河流河湾死水区域和主河流之间的交换能力通常采用量纲一的质量交换系数来表示，其定义如下：

$$k = \frac{1}{UA}\int_{A}|V| \tag{7-2}$$

式中，U 是主河流的速度；A 是河流河湾死水区域和主河流之间的面积；V 是河流河湾死水区域和主河流之间展向速度大小。

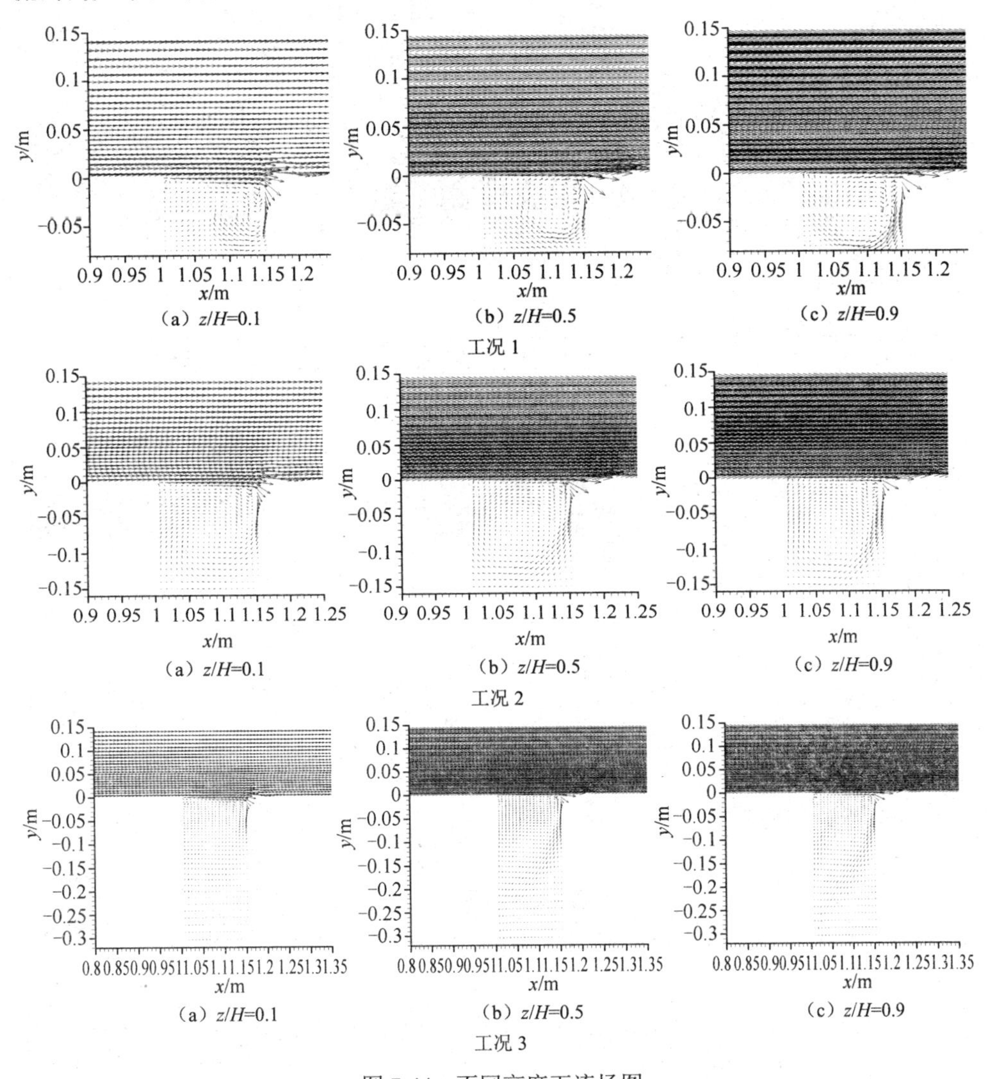

图 7-44　不同高度下流场图

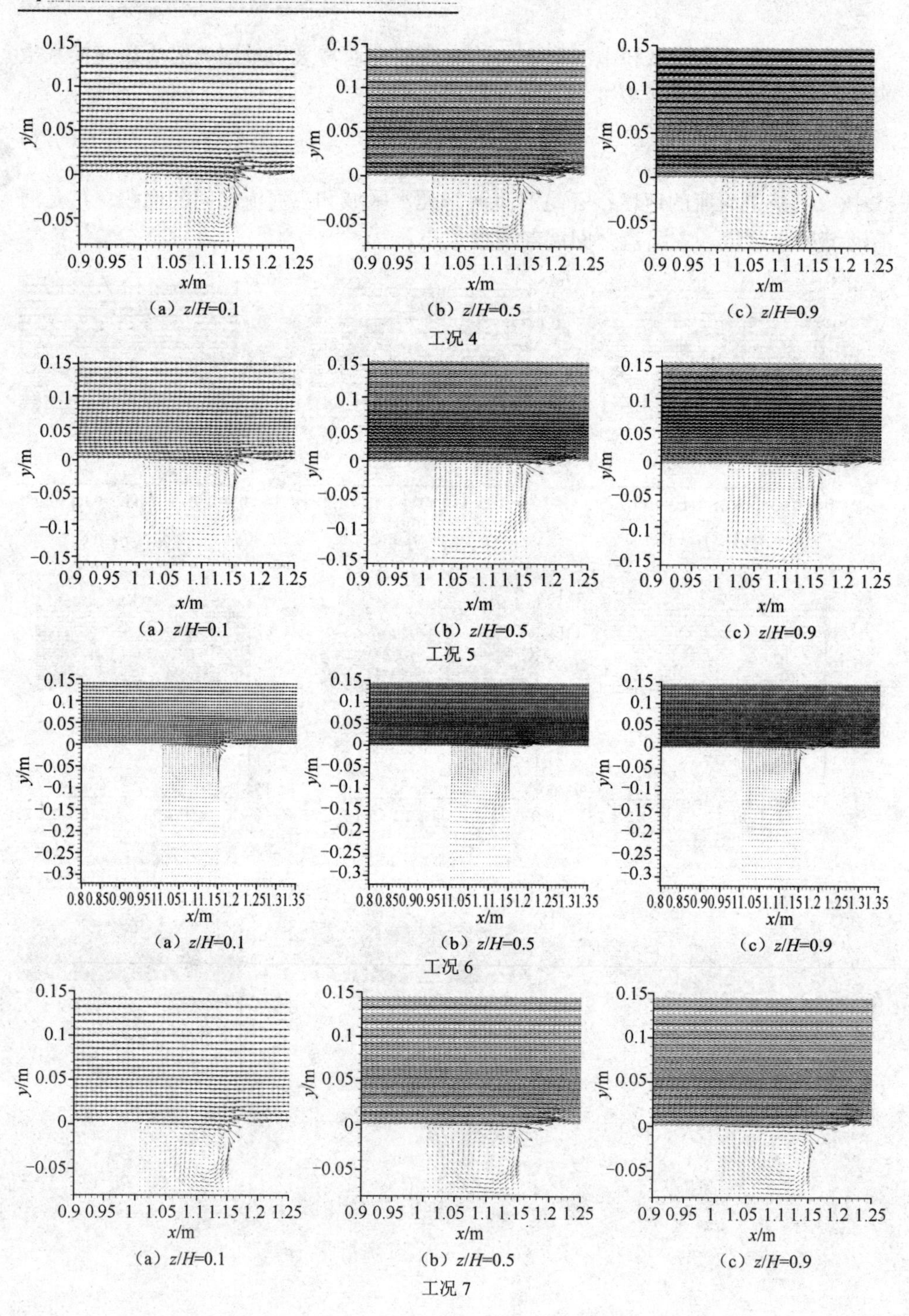

（a）z/H=0.1　（b）z/H=0.5　（c）z/H=0.9

工况 4

（a）z/H=0.1　（b）z/H=0.5　（c）z/H=0.9

工况 5

（a）z/H=0.1　（b）z/H=0.5　（c）z/H=0.9

工况 6

（a）z/H=0.1　（b）z/H=0.5　（c）z/H=0.9

工况 7

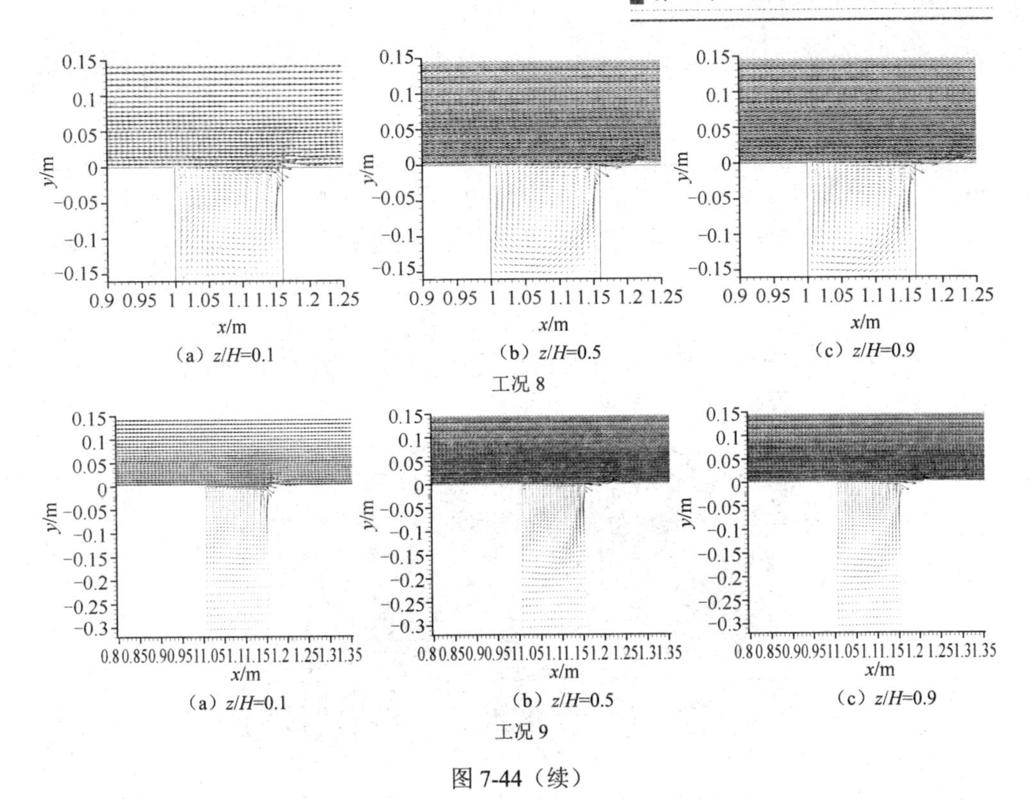

（a）z/H=0.1　（b）z/H=0.5　（c）z/H=0.9

工况 8

（a）z/H=0.1　（b）z/H=0.5　（c）z/H=0.9

工况 9

图 7-44（续）

图 7-45 显示为计算工况下量纲一的交换系数 k 的大小值。从图 7-45 可看出，虽然河湾死水区域的尺寸对量纲一的质量交换系数影响最大，但是河湾死水区域有植被对其质量交换系数也有着影响，当河湾死水区域植被等于水深一半时能减小其质量交换系数；当植被等于水深时，又进一步减小其质量交换系数。

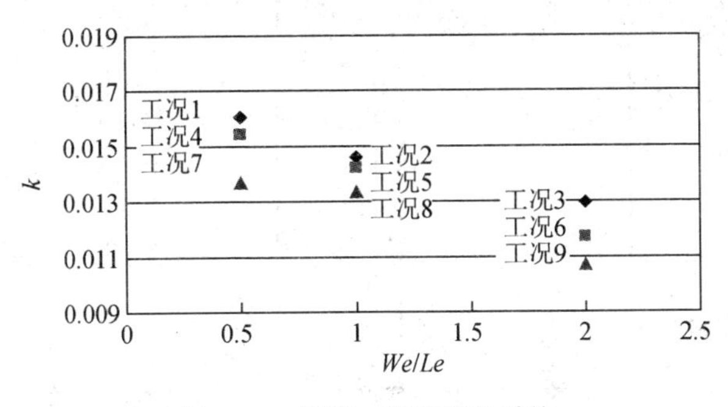

图 7-45　量纲一质量交换系数

7.10.3　现场应用

图 7-46 显示为具有侧面河湾的张家港市东横河河流计算区域图，在河湾两侧

和末端有芦苇植被生长，其芦苇植被平均杆径为0.012m，每平方米的株数约为120颗。计算区域内最大水深为2.23m，河流宽为42m。死水区域长38m、宽10m，水深变化从0.78～1.22m，最浅的水深在死水区域末端。图7-47显示为在水深为2m处，在流量为Q=110m^3/s计算平面流场图。从平面流场图可看出，随着进入河湾末端，速度也越来越小。位于河湾中间处计算速度大小云图（图7-48）也显示一致的结论。计算结果得出在流量Q=110m^3/s条件下其量纲一质量交换系数k为0.18；在流量Q=41m^3/s条件下量纲一质量交换系数k为0.11。这说明东横河河流的来流量越大，其河流中河湾和主河流之间质量交换系数越大，对河湾水流区域内的交换能力也就越强。

图7-46　张家港市东横河河流侧面死水区域图

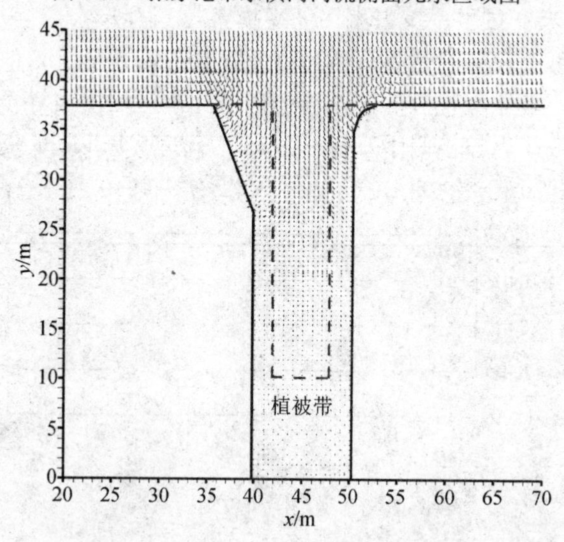

图7-47　流量为Q=110m^3/s下z=2m处的计算平面流场图

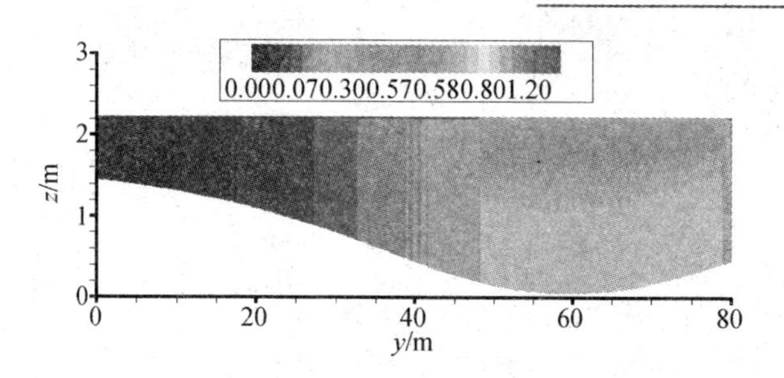

图 7-48　流量为 Q=110m^3/s 下河湾中间处计算速度大小云图

参 考 文 献

鲁俊, 2011. 波流环境中射流及其标量输运特性的大涡模拟[D]. 河海大学.

邱大洪, 1985. 波浪理论及其在工程上的应用[M]. 北京: 高等教育出版社: 3.

陶文铨, 2000. 计算传热学的近代发展[M]. 北京:科学出版社.

闫静, 戴坤, 唐洪武, 等, 2014. 含植被河道紊流结构研究进展[J]. 水科学进展, 25(6):918-922.

余利仁, 朱永刚, 1994. 混合网格及其数值模型[J]. 水动力学研究与进展：A 辑, 9(3):362-375.

俞聿修, 2000. 随机波浪及其工程应用[M]. 大连: 大连理工大学出版社: 60-62.

Asano T, Deguchi H, Kobayashi N, 1993. Interaction between water waves and vegetation[J]. Coastal Engineering: 2710-2723.

Bardina J, Ferziger, J H, Reynolds W C, 1980. Improved subgrid scale models for large eddy simulation[J]. AIAA, 80: 13-57.

Bardina J, Ferziger J H, Reynolds W C, 1983. Improved turbulence models based on large eddy simulation of homogeneous, incompressible, turbulent flows[R]. Report TF-19, Thermosciences Division, Dept. Mechanical Engineering, Stanford University.

Bertoglio J P, Mathieu J, 1984. A stochastic subgrid model for large-eddy simulation: general formulation[J]. C. R. Acad. Sc. Paris 299, série II, 12: 751-754.

Bertoglio J P, Mathieu J, 1984. A stochastic subgrid model for large-eddy simulation: generation of a stochastic process[J]. C. R. Acad. Sc. Paris 299, série II, 13: 835-838.

Blumberg A, Mellor G, 1987. A description of a three-dimensional coastal ocean circulation model [J]. In: Heaps N. ed., three-dimensional coastal models. American Geophysical Union, Washington D. C, 4:1-16.

Breuer M, Rodi W, 1994. Large eddy simulation of turbulent flow throught a straight square duct and a 180 bent[C]. In Fluid Mech. and its Appli., 26, P. R. Voke, R. Kleiser and J. P. Chollet(eds), Kluwer:273-285.

Busari A O, Li C W, 2015. A hydraulic roughness model for submerged flexible vegetation with uncertainty estimation[J]. Journal of Hydro-environment Research, 9(2): 268-280.

Carati D, Ghosal S, Moin P, 1995. On the representation of backscatter in dynamic localization models[J]. Phys. Fluids, 3: 606-616.

Choi S U, Kang H S, 2004. Reynolds stress modeling of vegetated open-channel flows[J]. J Hydraul Res, 42(1):3-11.

Cui G, Zhou H, Zhang Z, Shao L, 2004. A new dynamic subgrid eddy viscosity model with application to turbulent channel flow[J]. Phys. Fluids, (8): 2835-2842.

Cui J, Neary V S, 2008. LES study of turbulent flows with submerged vegetation[J]. J Hydraul Res 46(3):307-316.

Darby S E, 1999. Effect of riparian vegetation on flow resistance and flood potential[J]. Journal of Hydraulic Engineering, 125(5): 443-454.

Deardorff J W, 1970. A numerical study of three-dimensional turbulent channel flow at large Reynolds numbers[J]. J. Fluid Mech, 41: 453-465.

Deardorff J W, 1973. The use of subgrid transport equations in a three- dimensional model of atmospheric turbulence[J]. ASME J. Fluids Engng, 56: 429-438.

Ducros F, Comte P, Lesieur M, 1996. Large-eddy simulation of transition to turbulence in a boundary layer developing spatially over a flat plate[J]. Fluid Mech, 326: 1-36.

Edwards J R, Chandra S, 1996. Comparison of eddy viscosity-transport turbulence models for three-dimensional, shock-separated flow fields[J]. AIAA journal, 34(4): 756-763.

Ferziger, Peric M, 1999. Computational methods for fluids dynamics[M]. Springer.

Germano M, 1992. Turbulence: The filtering approach[J]. J. Fluid Mech, 238: 325-336.

Germano, Massimo, Ugo Piomelli, Parviz Moin, and Willam H. Cabot, 1991. A dynamic subgrid-scale eddy viscosity model[J]. Physics of Fluids A: Fluid Dynamics 3, No. 7:1760-1765.

Ghisalberti M, Nepf H, 2006. The structure of the shear layer in flows over rigid and flexible canopies[J]. Environmental Fluid Mechanics, 6(3): 277-301.

Gottlieb S, Shu C W, Tadmor E, 2001. Strong stability-preserving high-order time discretization methods. SIAM review, 43(1): 89-112.

Gritskevich M S, Garbaruk A V, Schütze J, & Menter F R, 2012. Development of ddes and iddes formulations for the k-ω shear stress transport model[J]. Flow, Turbulence and Combustion, 88(3): 431-449.

Grotzbach G, 1983. Spatial resolution requirements for direct numerical simulation of the Rayleigh-Benard convection[J]. J. Comput. Phys: 241-264.

Gualtieri C, Jiménez P AL, Rodríguez J M, 2010. Modelling turbulence and solute transport in a square dead zone[C]. In 1st European IAHR Congress, Edinburgh (Gran Bretagna), 4(6).

Horiuti K, 1997. A new dynamic two-parameter mixed model for large-eddy simulation[J] Phys. Fluids, 9(11): 3443-3464.

Hsieh T, 1964. Resistance of cylinder piers in open-channel flow[J]. J Hydraul Div, Am Soc CivEng, 90(HY1): 161-173.

Huai W X, Zeng Y H, Xu Z G, Yang Z H, 2009. Three-layer model for vertical velocity distribution in open channel flow with submerged rigid vegetation [J]. Advances in Water Resources, 32(4):487-492.

Ikeda S, Yamada T, Toda Y, 2001. Numerical study on turbulent flow and honami in and above flexible plant canopy[J]. International journal of heat and fluid flow, 22(3):252-258.

Inagaki M, Kondon T, Nagano Y, Taniguchi N, 2005. A mixed time scale sgs model with fixed model parameters for practical LES[J]. Fluids Eng, 127(1): 257-270.

Jarrin N, Benhamadouche S, Laurence D, Prosser R, 2006. A synthetic-eddy-method for generating inflow conditions for large-eddy simulations[J]. International Journal of Heat and Fluid Flow. 27(4):585-593.

Kouwen N, Li R M, 1980. Biomechanics of vegetative channel linings[J]. Journal of the Hydraulics Division, 106(6): 1085-1103.

Kuerten J M G, Geurts B J, Vreman A W, Germano M, 1999. Dynamic inverse modeling and its testing in large-eddy simulations of the mixing layer[J]. Phys. Fluids, 11 (12): 3778-3785.

Leith C E, 1990. Stochastic backscatter in a subgrid-scale model: Plane shear mixing layer[J]. Phys. Fluids A, 2(3): 297-299.

Leu J M, Chan H C, Jia Y, He Z, Wang S S, 2008. Cutting management of riparian vegetation by using hydrodynamic model simulations[J]. Advances in water resources, 31(10):1299-1308.

Li C W, Xie J F, 2011. Numerical modeling of free surface flow over submerged and highly flexible vegetation[J]. Advances in Water Resources, 34(4) :468-477.

Li C W, Yan K, 2007. Numerical investigation of wave-current-vegetation interaction[J]. Journal of Hydraulic Engineering, 133(7): 794-803.

Li C W, Zhu B, 2002. A sigma coordinate 3D kappa-epsilon model for turbulent free surface flow over a submerged structure[J]. Appl Math Model, 26(12):1139-1150.

Lilly D K, 1967. The representation of small-scale turbulence in numerical simulation experiments[C]. Proceedings of the IBM Scientific Computing Sym-posium on Environmental Sciences, Yorktown Heights, USA.

Lilly D K, 1992. A proposed modification of the germano subgrid-scale closure method[J]. Phys. Fluids A, 4: 633-635.

Lin P, Li C W, 2002. A σ - coordinate three - dimensional numerical model for surface wave propagation[J]. International Journal for Numerical Methods in Fluids, 38(11):1045-1068.

Lin P, 2006. A multiple-layer σ-coordinate model for simulation of wave–structure interaction [J]. Computers and Fluids, 35:147-167.

Lopez F, Garcia M, 1998. Open channel flow through simulated vegetation: suspended sediment transport modeling[J]. Water Resour Res, 34(9): 2341-2352.

Lu J, Dai H C, Wang L, 2014. L. IDDES turbulent density currents with k-ω based model. [C]. 35th IAHR world Congress.

Lu J, Tang H W, Wang L L, Peng F, 2010. A novel dynamic eddy model and its application to LES of turbulent jet with free surface[J]. Science in China Series G, 9:1670-1680.

Luhar M, Nepf H M, 2011. Flow - induced reconfiguration of buoyant and flexible aquatic vegetation[J]. Limnology and Oceanography, 56(6): 2003-2017.

Ma G, Han Y, Niroomandi A, Lou S, Liu S, 2015. Numerical study of sediment transport on a tidal flat with a patch of vegetation[J]. Ocean Dynamic, 65(2):203-222.

Mason P J, Thomson D J, 1992. Stochastic backscatter in large-eddy simulations of boundary layers[J]. J. Fluid Mech, 242: 51-78.

Mellor G L, Oey L Y, 1994. The pressure gradient conundrum of sigma coordinate ocean models[J]. J. Atmospheric and Oceanic Technology, 11:1126-1134.

Meneveau C, Lund T S, Cabot W H, 1996. A Lagrangian dynamic subgrid-scale model of turbulence[J]. J. Fluid. Mech, 319:353-385.

Meneveau, Charles, and Joseph Katz, 2000. Scale-invariance and turbulence matels for large-eddy simulation[J]. Annual Review of Fluid Mechanics 32, No. 1:1-32.

Menter F and Egorov Y, 2010. The scale-adaptive simulation method for unsteady turbulent flow predictions. Flow[J]. Turbulence and Combustion, 85:113-128.

Metais O, Lesieur M, 1992. Spectral large-eddy simulation of isotropic and stably stratified turbulence[J]. Fluid Mech, 256: 157-194.

Muto Y, Imamoto H, Ishigaki T, 2000. Turbulence characteristics of a shear flow in an embayment attached to a straight open channel[C]. In 4th International Conference on Hydroscience and Engineering:232-241.

Muto Y, Imamoto H, Ishigaki T, 2000. Velocity measurements in a rectangular embayment attached to a straight open channe[J]. Kyoto Daigaku Bōsai Kenkyūjo nenpō, 43: 425-432.

Naot D, Nezu I, Nakagawa H, 1993. Hydrodynamic behavior of compound rectangular open channels[J]. Journal of Hydraulic Engineering, 119(3): 390-408.

Nepf H M, 1999. Drag, turbulence, and diffusion in flow through emergent vegetation[J]. Water Resources Research, 35(2): 479-489.

Nepf H M, 2012. Hydrodynamics of vegetated channels[J]. Journal of Hydraulic Research, 50(3): 262-279.

Nepf H M, Ghisalberti M, 2008. Flow and transport in channels with submerged vegetation[J]. Acta Geophysica, 56(3):753-777.

Nepf H M, Sullivan J A, Zavistoski R A, 1997. A model for diffusion within emergent vegetation[J]. Limnology and Oceanography, 42(8): 1735-1745.

Nepf H M, Vivoni E R, 2000. Flow structure in depth-limited, vegetated flow [J]. Journal of Geophysical Research, 105(12):28547-28557.

Neru I, Sanjiu M, 2008. Turbulence structure and coherent motion in vegetated canopy open channels flows [J]. Journal of Hydro-environment Research, 2(2):62-90.

Nezu I, Onitsuka K, 2001. Turbulent structures in partly vegetated open-channel flows with LDA and PI V measurements[J]. Journal of Hydraulic Research, 39(6): 629-642.

Ohyama T, Kioka W, Tada A, 1995. Applicability of numerical models to nonlinear dispersive waves[J]. Coastal

Engineering, 24(3-4): 297-313.

Ojha S P, Mazumber B S, 2008. Turbulence characteristics of flow region over a series of 2-D dune shaped structures[J]. Advances in Water Resources, 31(3):561-576.

Okamoto T, Nezu I, 2010. Large eddy simulation of 3-D flow structure and mass transport in open-channel flows with submerged vegetations[J]. Journal of Hydro-environment Research, 4(3): 185-197.

Pan Y, Follett E, Chamecki M, Nepf H, 2014. Strong and weak, unsteady reconfiguration and its impact on turbulence structure within plant canopies[J]. Physics of Fluids (1994-present), 26(10): 102-105.

Patankar V S, 1980. Numerieal Heat Transferand Fluid Flow [M]. McGraW-Hill, New York.

Piomelli U, Liu J, 1995. Large-eddy simulation of rotating channel flows using a localized dynamic model[J]. Phys. Fluids, 7(4): 839-848.

Poggi D, Ashton A, Ridolfil, 2004. The effect of vegetation density on canopy sub-layer turbulence[J]. Boundary-layer Meteorology, 11:565-587.

Pope S B, 2000. Turbulent Flow[M]. Cambridge University Press.

Ree W O, Palmer V J, 1949. Flow of water in channels protected by vegetative lining[J]. Technical Bulletin , Washington D. C:USDA-ARS, 967:1-115.

Richardson L F, 1992. Weather prediction by numerical process[M]. Cambridge University Press.

Sagaut P, Deck S, Terracol M, 2006. Multiscale and Multiresolution Approaches in Turbulence[M]. Imperial College Press.

Salvetti M V, Banerjee S, 1994. A priori tests of a new dynamic subgrid-scale model for finite difference large-eddy simulations[J]. Phys. Fluids, 7(11): 2831-2847.

Salvetti M V, Zang Y, Street R L, Banerjee S, 1997. Large-eddy simulation of free-surface decaying turbulence with dynamic subgrid-scale models[J]. Phys. Fluids, 9(8): 2405-2419.

Saugaut P, 2006. Large Eddy Simulation for Incompressible Flows[M]. 3rd ed. Springer Press.

Schumann U, 1975. Subgrid scale model for finite difference simulations of turbulent flows in plane channels and annuli[J]. J. Comput. Phys, 18: 376-404.

Shao L, Bertoglio J P, Cui G X, Zhou H B, Zhang Z S, 2003. Kolmogorov equation for large eddy simulation and its use for subgrid modeling[C]. Proceedings of the 5th ERCOFTAC Workshop on Direct and Large Eddy Simulation, Munich, Germany.

Shimizu Y, Tsujimoto T, 1994. Numerical analysis of turbulent open-channel flow over vegetation layer using a k-e turbulence model[J]. J Hydrosci Hydraul Eng JSCE, 11(2):57-67.

Shur M L, Spalart P R, Strelets M K, 2008. Travin A K. A hybrid RANS-LES approach with delayed-DES and wall-modeled LES capabilities. Int. [J]. Heat Fluid, Flow, 29: 1638-1649.

Smagorinsky J S, 1963. General circulation experiments with the primitive equations[J]. Monthly Weather Review, 91: 99-152.

Spalart P R, 2009. Detached-eddy simulation[J]. Annual Review of Fluid Mechanics, 41: 181-202.

Stoesser T, Salvador G P, Rodi W, Diplas P, 2009. Large eddy simulation of turbulent flow through submerged vegetation[J]. Transport in Porous Media, 78(3): 347-365.

Su X H, Li C W, 2002. Large eddy simulation of free surface turbulent flow in partly vegetated open channels[J]. Int J Numer Meth Fluids, 39(10):919-937.

Vogel S, 1984. Drag and flexibility in sessile organisms[J]. American Zoologist, 24(1): 37-44.

Vreman B, Geurts B, Kuerten H, 1994. On the formulation of the dynamic mixed subgrid-scale model[J]. Phys. Fluids, 12:4057-4059.

Wang L L, 2004. Using large eddy simulation in σ -coordinatc system to simulate surface wave[J]. China Ocean Engineering, 18(3): 413-422.

Werner H, Wengle H, 1993. Large-eddy simulation of turbulent flow over and around a cube in a plate channel[C]. In Turbulent Shear Flows 8. Springer Berlin Heidelberg: 155-168.

Yang K S, Ferziger J H, 1993. Large-eddy simulation of turbulent obstacle flow using a dynamic subgrid-scale model[J]. AIAA , 31(8): 1406-1413.

Yokojima S, Kawahara Y, Yamamoto T, 2015. Impacts of vegetation configuration on flow structure and resistance in a rectangular open channel[J]. Journal of Hydro-environment Research, 9(2): 295-303.

Yoshizawa A, 1989. Subgrid-scale modeling with a variable length scales[J]. Phys Fluids A, 1(7): 1293-1295.

Yoshizawa A, 1991. A statistically-derived subgrid model for the large-eddy simulation of turbulence[J]. Phys. Fluids A, 3(8): 2007-2009.

Yoshizawa A, Horiuti K, 1985. A statistically-derived subgrid-scale kinetic energy model for the large-eddy simulation of turbulent flows[J]. Phys. Soc. Japan, 54(8): 2834-2839.

Yoshizawa A, Kobayashi K, Kobayashi T, Taniguchi N, 2000. A non-equilibrium fixed-parameter subgrid-scale model obeying the near-wall asymptotic constraint [J]. Phys. Fluids, 12(9): 2338-2344.

Zhang M L, Li C W, Shen Y M, 2010. A 3D non-linear k-ε turbulent model for prediction of flow and mass transport in channel with vegetation[J]. Applied Mathematical Modelling, 34(4): 1021-1031.

Zong L, Nepf H M, 2010. Flow and deposition in and around a finite patch of vegetation[J]. Geomorphology, 116(3): 363-372.

Zong L, Nepf H M, 2011. Spatial distribution of deposition within a patch of vegetation[J]. Water Resources Research, 47(3).

附录A
Fortran 语言 SEM 子程序

```
CC------------------------------------------------------------
   ------C
C                    SUBROUTINE SEM
CC------------------------------------------------------------
   ------C
       SUBROUTINE sem
       use param
        implicit real*8 (a-h, o-z)
       real*8  dxmax(nx, ny, nz),  Tint, lamb2, lamb1
         PARAMETER   (NEDDY=3000)
        real*8 XEDDY(NEDDY),  YEDDY(NEDDY),  ZEDDY(NEDDY),
    &         E1EDDY(NEDDY), E2EDDY(NEDDY),  E3EDDY(NEDDY)
         real*8, dimension(NEDDY)::rnd
         integer, dimension(1)::seed


        integer  jlet
         jinlet=0
         Tint=h0/u0
         lamb2=exp(-dt/Tint)
         lamb1=(1.0-lamb2*lamb2)**0.5
       if(jinlet.eq.0)then
         jlet=jmax-1
       xmax=-10.0D13
      do i=1, imax
       do j=1, jmax
        do k=1, kmax

           UFLUy(i, j, k) = UFLUn(i, j, k)
           VFLUy(i, j, k) = VFLUn(i, j, k
           WFLUy(i, j, k) = WFLUn(i, j, k)
       enddo
```

```
    enddo
    enddo

    do i=1, imax
    do j=1, jmax
     do k=1, kmax

        UFLUy(i, j, k) = 0.0
        VFLUy(i, j, k) = 0.0
        WFLUy(i, j, k) = 0.0
    enddo
    enddo
    enddo
     do j=2, jmax-1
    if(j.eq.jlet)then
    do i=2, imax-1
     do k=2, kmax-1
    dxmax(i, j, k)=max(xmax, x(i), y(j), z(k)*eta1(i, j),
xn1(i, j, k)/0.09)
     enddo
     enddo
  endif
     enddo
    Do j=2, jmax-1
        if(j.eq.jlet)then
    UAVG2 = 0.0D0
    VAVG2 = 0.0D0
    WAVG2 = 0.0D0
      Do i=2, imax-1

   Do k=2, kmax-1
      UAVG2 = UAVG2 + u1(i, j, k)
      VAVG2 = VAVG2 + v1(i, j, k)
      WAVG2 = WAVG2 + w1(i, j, k)
         enddo
       enddo
      UAVG = UAVG2/(jmax-2)/(kmax-2)
      VAVG = vAVG2/(jmax-2)/(kmax-2)
      WAVG = wAVG2/(jmax-2)/(kmax-2)
           endif
    enddo
    XMING = 10.0D13
```

```
      YMING = 10.0D13
      ZMING = 10.0D13
      XMAXG = -10.0D13
      YMAXG = -10.0D13
      ZMAXG = -10.0D13
       do j=2, jmax-1

      if(j.eq.jlet)then
       do i=2, imax-1
      do k=2, kmax-1

        XMING = MIN( XMING,  xp(i)-dxmax(i, j, k))
        YMING = MIN( YMING, yp(j)-dxmax(i, j, k))
        ZMING = MIN( ZMING, zp(k)*eta1(i, j)-dxmax(i, j, k))
        XMAXG = MAX( XMAXG, xp(i)+dxmax(i, j, k))
        YMAXG = MAX( YMAXG,  yp(j)+dxmax(i, j, k))
        ZMAXG = MAX( ZMAXG, zp(k)*eta1(i, j)+dxmax(i, j, k))

      ENDDO
      ENDDO
       endif
      enddo
      VOLBEDDY = ABS((XMAXG-XMING)*(YMAXG-YMING)*(ZMAXG-
ZMING) )
      call system_clock()
     call random_seed()
     call random_number(rnd)
      DO II=1, NEDDY
        XEDDY(II) = XMING + (XMAXG-XMING)*rnd(ii)
        YEDDY(II) = YMING + (YMAXG-YMING)*rnd(ii)
        ZEDDY(II) = ZMING + (ZMAXG-ZMING)*rnd(ii)


      if(rnd(ii).lt.0.5D0)then
       E1EDDY(II) =-1.0D0
        E2EDDY(II) =-1.0D0
      E3EDDY(II) =-1.0D0
     else
       E1EDDY(II) =1.0D0
      E2EDDY(II) =1.0D0
        E3EDDY(II) =1.0D0
     endif
      ENDDO
```

```
    DO II=1, NEDDY
       XEDDY(II) = XEDDY(II) + UAVG * DT0
       YEDDY(II) = YEDDY(II) + VAVG * DT0
       ZEDDY(II) = ZEDDY(II) + WAVG * DT0
     ENDDO
     DO II=1, NEDDY
       IF (XEDDY(II).GT.XMAXG) THEN
         XEDDY(II) = XMING + (XEDDY(II)-XMAXG)
         YEDDY(II) = YMING + (YMAXG-YMING)*rnd(ii)
         ZEDDY(II) = ZMING + (ZMAXG-ZMING)*rnd(ii)
   if(rnd(ii).lt.0.5D0)then
     E1EDDY(II)=-1.0D0
    E2EDDY(II) = -1.0D0
     E3EDDY(II) =-1.0D0
  else
    E1EDDY(II)=1.0D0
     E2EDDY(II) =1.0D0
     E3EDDY(II) =1.0D0
   endif
       ELSEIF (XEDDY(II).LT.XMING) THEN
         XEDDY(II) = XMAXG + (XEDDY(II)-XMING)
         YEDDY(II) = YMING + (YMAXG-YMING)*rnd(ii)
         ZEDDY(II) = ZMING + (ZMAXG-ZMING)*rnd(ii)

   if(rnd(ii).lt.0.5D0)then
     E1EDDY(II)=-1.0D0
     E2EDDY(II) = -1.0D0
    E3EDDY(II) =-1.0D0
  else
   E1EDDY(II)=1.0D0
    E2EDDY(II) = 1.0D0
  E3EDDY(II) =1.0D0
  endif
       ENDIF
C
       IF (YEDDY(II).GT.YMAXG) THEN
         XEDDY(II) = XMING + (XMAXG-XMING)*rnd(ii)
         YEDDY(II) = YMING + (YEDDY(II)-YMAXG)
         ZEDDY(II) = ZMING + (ZMAXG-ZMING)*rnd(ii)
  if(rnd(ii).lt.0.5D0)then
    E1EDDY(II)=-1.0D0
     E2EDDY(II) = -1.0D0
     E3EDDY(II) =-1.0D0
```

```
      else
        E1EDDY(II)=1.0D0
          E2EDDY(II) = 1.0D0
          E3EDDY(II) =1.0D0
        endif
            ELSEIF (YEDDY(II).LT.YMING) THEN
              XEDDY(II) = XMING + (XMAXG-XMING)*rnd(ii)
              YEDDY(II) = YMAXG + (YEDDY(II)-YMING)
              ZEDDY(II) = ZMING + (ZMAXG-ZMING)*rnd(ii)
       if(rnd(ii).lt.0.5D0)then
         E1EDDY(II)=-1.0D0
        E2EDDY(II) = -1.0D0
         E3EDDY(II) =-1.0D0
       else
         E1EDDY(II)=1.0D0
         E2EDDY(II) = 1.0D0
         E3EDDY(II) =1.0D0
        endif
            ENDIF
C
            IF (ZEDDY(II).GT.ZMAXG) THEN
              XEDDY(II) = XMING + (XMAXG-XMING)*rnd(ii)
              YEDDY(II) = YMING + (YMAXG-YMING)*rnd(ii)
              ZEDDY(II) = ZMING + (ZEDDY(II)-ZMAXG)
       if(rnd(ii).lt.0.5D0)then
         E1EDDY(II)=-1.0D0
         E2EDDY(II) = -1.0D0
         E3EDDY(II) =-1.0D0
       else
          E1EDDY(II)=1.0D0
          E2EDDY(II) = 1.0D0
         E3EDDY(II) =1.0D0
         endif

            ELSEIF (ZEDDY(II).LT.ZMING) THEN
              XEDDY(II) = XMING + (XMAXG-XMING)*rnd(ii)
              YEDDY(II) = YMING + (YMAXG-YMING)*rnd(ii)
              ZEDDY(II) = ZMAXG + (ZEDDY(II)-ZMING)
       if(rnd(ii).lt.0.5D0)then
          E1EDDY(II)=-1.0D0
          E2EDDY(II) = -1.0D0
         E3EDDY(II) =-1.0D0
      else
        E1EDDY(II)=1.0D0
         E2EDDY(II) = 1.0D0
```

```
     E3EDDY(II) =1.0D0
    endif
       ENDIF
     ENDDO
    do j=2, jmax-1

   if(j.eq.jlet)then
     do i=2, imax-1
    do k=2, kmax-1
        UU1 = 0.0D0
        VV1 = 0.0D0
        WW1 = 0.0D0

        DO II=1,  NEDDY
          DXx = ABS(xp(i)-XEDDY(II))
          DYy = ABS(Yp(j)-YEDDY(II))
          DZz = ABS(Zp(k)*eta1(i, j)-ZEDDY(II))
          IF ( DXx.LT.dxmax(i, j, k).AND.
     &           DYy.LT.dxmax(i, j, k) .AND.
     &           DZz.LT.dxmax(i, j, k)) THEN
c          write(*, *)'FTENT'
           FTENT = (1.D0-DXx/dxmax(i, j, k))
     &              * (1.D0-DYy/dxmax(i, j, k))
     &              * (1.D0-DZz/dxmax(i, j, k))
           FTENT = FTENT / (SQRT(2.D0/3.D0*dxmax(i, j,
  k)))**3

           UU1 = UU1 + E1EDDY(II) * FTENT
           VV1 = VV1 + E2EDDY(II) * FTENT
           WW1 = WW1 + E3EDDY(II) * FTENT
         ENDIF
        ENDDO
        UU1 = UU1 * SQRT(VOLBEDDY/NEDDY)
        VV1 = VV1 * SQRT(VOLBEDDY/NEDDY)
        WW1 = WW1 * SQRT(VOLBEDDY/NEDDY)
      A11 = SQRT(su11(i, j, k))
      A21 = su21(i, j, k) /(A11+1.0e-16)
      A31 = su31(i, j, k) /(A11+1.0e-16)

       A22 = SQRT(su22(i, j, k) - A21*A21)
       A32 = (su32(i, j, k) - A21*A31) / (A22+1.0e-16)
      A33 = SQRT(su33(i, j, k) - A31*A31 - A32*A32)
```

```
    uu11= A11*UU1
    vv11= A21*UU1 + A22*VV1
    ww11= A31*UU1 + A32*VV1 + A33*WW1


    UFLUy(i, j, k) = lamb2*UU11+lamb1*UFLUn(i, j, k)
    VFLUy(i, j, k) = lamb2*VV11+lamb1*VFLUn(i, j, k)
    WFLUy(i, j, k) = lamb2*WW11+lamb1* WFLUn(i, j, k)

ENDDO
    ENDDO
  endif
enddo
 else
    UFLUy(i, j, k) = 0.
    VFLUy(i, j, k) = 0.
    WFLUy(i, j, k) = 0.
endif
     return
end
```

附录 B
Fortran 语言干湿网格法子程序

```
CC----------------------------------------------------------
   ------C
C                    SUBROUTINE wetting-drying
CC----------------------------------------------------------
   ------C

     subroutine wetting-drying
       use param
        implicit real*8 (a-h, o-z)
          do j = 1, Jmax
        do i =  1, Imax
      Eta1(i, j) =  Eta1(i, j)-depth(i, j)
   !       do k =  1, kmax
   !       nboundn(i, j, k)=nbound(i, j, k)
   !     enddo
        enddo
       enddo
         do j = 1, Jmax
        do i =  1, Imax

      if(Mask(i, j) .eq.0) then
        if(Mask(i-1, j) .eq.1.and.Eta1(i-1, j).gt.Eta1(i, j))
   Mask(i, j)=1
        if(Mask(i+1, j) .eq.1.and.Eta1(i+1, j) .gt.Eta1(i,
   j)) Mask(i, j)=1
        if(Mask(i, j-1) .eq.1.and.Eta1(i, j-1) .gt.Eta1(i,
   j)) Mask(i, j)=1
        if(Mask(i, j+1) .eq.1.and.Eta1(i, j+1) .gt.Eta1(i,
   j)) Mask(i, j)=1
```

```
    else
            if(abs((Eta1(i,j)+depth(i,j))-DepMin).ge.1.e-6)
then
       Mask(i, j) = 0
!       Eta1(i, j) = DepMin
!       Depth(i, j) = DepMin
       Eta1(i, j) = DepMin-depth(i, j)
       depth(i, j) = Eta1(i, j)+depth(i, j)
     endif
   endif


     enddo
     enddo
   do k =  1, kmax
    do j = 1, Jmax
      do i = 1, Imax
   if(Mask(i, j).eq.0.or.nboundn(i, j, k).eq.0)then
       nbound(i, j, k)=0
   endif

    if(Mask(i, j) .eq.1)then
     nbound(i, j, k)=1
   endif
      enddo
          enddo
     enddo
        do j = 1, Jmax
     do i =  1, Imax
       Eta1(i, j) =  Eta1(i, j)+depth(i, j)

     enddo
    enddo
      return
    end subroutine wetting-drying
```

附录 C 自由表面湍动涡黏性系数的推导

对标准的 k-ε 模型，其湍动涡黏性系数为

$$\tilde{v}_t = C_\mu \frac{k^2}{\varepsilon} \tag{C-1}$$

对于自由表面水流，Rodi 给出 k 和 ε 自由表面条件为

$$\left.\frac{\partial k}{\partial n}\right|_{fs} = 0\text{；}\quad \varepsilon_{fs} = \gamma \left.\frac{k^{3/2}}{h}\right|_{fs} \tag{C-2}$$

式中，$\gamma = 2.32$ 。

把式（C-2）代入式（C-1）消除 ε，得

$$\tilde{v}_t = \frac{C_\mu}{\gamma} k^{1/2} h \tag{C-3}$$

再利用 Brashaw 关系 $k = \frac{1}{\sqrt{C_\mu}} \tilde{v}_t \Omega$ ，得出湍动涡黏性一个不为零的解：

$$\tilde{v}_t = \frac{C_\mu^{1.5}}{\gamma^2} \Omega h^2 = 0.005 \Omega h^2 \tag{C-4}$$